Der Sonnenstrahleffekt

Networking und Eigenmarketing – 99 Seiten, die Ihr Leben verändern werden

Karsten Tornow

INHALTSVERZEICHNIS

Vorwort

Ein Buch statt eines Seminars? Nun, die folgenden Seiten sollen nicht die Teilnahme an einem solchen ersetzen, doch sie bereiten optimal darauf vor. Und auch die Leser, die nicht an einem meiner Seminare teilnehmen werden, erfahren eine Initialzündung zur Neugestaltung ihres Lebens. Angesprochen sind alle, die eine neue und herausfordernde Aufgabe suchen, die endlich ihre Stärken voll ausspielen und ihr Wissen nutzen möchten, die finanziell unabhängiger sein und einfach erfülltere Tage genießen wollen.

Wie dieses Buch dabei hilft? Ich schenke Ihnen damit all das, was ich in rund 25 Jahren Berufsleben gelernt habe. Natürlich nicht fachliches Know-how oder spezielle Kompetenzen, denn für beides sind entsprechende Aus- und Fortbildungen nötig. Manches aber ist universell gültig – in welchem Bereich auch immer jemand tätig ist. Diese Grundprinzipien des Erfolgs auf den Punkt zu bringen, das hatte ich mir vorgenommen, als die Idee zum vorliegenden Buch geboren wurde. Schließlich ist das Leben zu kurz, um alle Erfahrungen selbst zu machen. Es ist schon anspruchsvoll genug, seine Lehren daraus zu ziehen — und anders als bisher zu handeln.

Während der letzten zweieinhalb Jahrzehnte bin ich jedes Jahr rund 40.000 Kilometer gefahren, was etwa der Strecke rund um die Erde entspricht. Und das nicht im Urlaub, sondern um Kunden, Mitarbeiter und Freunde zu besuchen. 20 Jahre lang war ich im Topmanagement eines großen Finanzkonzerns, gab regionale und überregionale Seminare und ließ mir einige Geschäftsmodelle patentieren. Ich las mehr als 100 Bücher über Eigenmarketing und Networking, wendete die daraus gewonnenen Erkenntnisse an und fand heraus, was funktionierte und was nicht. Jetzt möchte ich meine Ideen und Erfahrungen weitergeben, damit möglichst viele Menschen davon profitieren können.

Dieses Buch erzählt spannende Geschichten von Menschen, die sich auf einen neuen Weg einlassen. Es sollte in mehreren Etappen gelesen und dabei zum Arbeitsbuch werden. Anstreichen von Kernsätzen und Anmerkungen – alles ist erlaubt. Und am meisten hat davon, wer sich Zeit nimmt, um die auf den folgenden Seiten gestellten Fragen für sich persönlich zu beantworten.

Viel Spaß beim Lesen und viel Erfolg bei der Umsetzung wünscht Ihnen

Herzlichst
Karsten Tornow

Zufällige Begegnung

Es war wieder einmal so ein Tag, an dem ich kurzerhand beschloss, unter Leute zu gehen, um nichts zu verpassen. Es gab Shows, Vorstellungen und andere Attraktionen mitten auf dem Marktplatz, denn Leipzig feierte gerade sein tausendjähriges Bestehen. In einem der schönen Cafés trank ich in aller Ruhe einen doppelten Espresso.

Eine junge Frau mit hellbraunen, schulterlangen Haaren suchte an diesem Nachmittag ebenfalls das nostalgische Lokal auf. Gemeinsam mit einer Freundin hatte sie schräg vor mir an einem der runden Tische Platz genommen. Sie blickte mit enttäuschter Miene auf ihr Sektglas, das sie zwischen ihren schlanken Fingern hin und her drehte.

Die Freundin redete auf sie ein: „Du darfst nicht den Mut verlieren." – „Du findest schon noch eine Stelle, die zu dir passt." – „Ich habe gehört, die Sale Concept Group GmbH sucht eine Sekretärin, bewirb dich doch da noch einmal."

Doch die Gesichtszüge der jungen Frau heiterten sich nicht auf, sie schien enttäuscht, ja beinahe resigniert.

Ich griff nach meinem Geldbeutel, zog ein zusammengefaltetes Blatt Papier heraus, nahm den Kugelschreiber aus meinem Jackett und schrieb: *Trauen Sie sich, auf dem Regiestuhl Platz zu nehmen, statt sich mit einer Nebenrolle zufriedenzugeben. – Das ist mein Erfolgsgeheimnis*. Schließlich malte ich ein Lachgesicht dazu und ging zum Tisch meiner Nachbarinnen. „Darf ich Ihnen etwas geben?", fragte ich.

„Ja", entgegnete die junge Frau verblüfft.

Ich reichte ihr das Blatt und setzte mich wieder auf meinen Platz. Mit fragendem Gesicht las sie: *Der Sonnenstrahleffekt – Networking und Eigenmarketing nach der Tornow-Methode* sowie meine Notiz und schob den Zettel dann ihrer Freundin zu. Daraufhin schauten beide zu mir herüber, sahen sich gegenseitig an und flüsterten miteinander. Nun konnte ich beobachten, wie die junge Frau von ihrer Freundin ein aufforderndes Nicken zugeworfen bekam. Daraufhin stand sie auf und trat auf mich zu.

„Sie sind dann wohl Herr Tornow?", fragte sie.

„Nein, ein guter Bekannter von Karsten, Peter Schaller mein Name, freut mich", entgegnete ich.

„Jana Engelbrecht", stellte sie sich vor und ihre Stimme nahm einen beinahe verärgerten Unterton an. „Okay, hab verstanden. Wenn Sie Ihrem Freund Kunden bringen, bekommen Sie wohl Provision. Oder war das nur eine Anmache?"

Ich musste schmunzeln. „Nein", sagte ich, „ich bekomme dafür keinen Cent. Ich habe Ihnen das Blatt gegeben, weil ein paar Worte Ihres Gespräches zu mir herübergedrungen sind und ich daraus schließe, dass Sie einen neuen Job suchen, bisher aber noch nicht das gefunden haben, was Ihnen gefällt."

„Ja, Sie haben recht. Ich möchte gerne wieder ins Berufsleben einsteigen, aber es ist sehr schwer, mit zwei Kindern eine passende Stelle zu bekommen. Ich habe studiert und möchte ja auch nicht irgendetwas machen", gestand sie offen.

„Vor eineinhalb Jahren war ich in einer ähnlichen Situation wie Sie oder vielleicht sogar in einer deutlich schlechteren", sagte ich.

„Was?", fragte Jana verwundert. „Aber Sie sehen gar nicht so aus. Im Gegenteil. Sie wirken überaus erfolgreich und glücklich."

Ich lachte. „Ja, das bin ich jetzt auch, aber wie gesagt, es ist noch nicht lange her, da war das anders."

Neugierig geworden fragte sie: „Wollen Sie sich vielleicht zu uns an den Tisch setzen?"

Ich erzählte, wie ich vor einiger Zeit an einem Tiefpunkt angekommen war. Seit über 20 Jahren war ich in der Finanzbranche tätig gewesen und hatte damit lange gutes Geld verdient, doch im Zuge der Finanz- und Wirtschaftskrise wurde das Geschäft zunehmend schwieriger. Ich arbeitete immer mehr und verdiente trotzdem weniger. Als sich meine Frau auch noch von mir scheiden ließ und das Haus sowie Unterhalt beanspruchte, verschlimmerte sich meine Situation noch einmal deutlich. Dass es so nicht weitergehen konnte, ahnte ich, aber ich hatte weder die Zeit noch einen freien Kopf, um mir Mittel und Wege zu überlegen, dies zu ändern. Ein Geschäftsfreund lud mich damals auf den Olympiaball ein. Ich hatte zwar wenig Lust auf eine solche Veranstaltung, doch war ich ihm noch etwas schuldig und konnte deshalb nicht absagen.

Zum Glück – denn an diesem Abend lernte ich Karsten Tornow kennen, der neben mir am Tisch platziert war. Ich mochte ihn von Beginn an. Er hatte eine sehr positive Ausstrahlung. Rasch gelang es ihm, an unserem Tisch eine angenehme Stimmung zu erzeugen. Nach kurzer Zeit brachte er alle aus unserer Tischgemeinschaft miteinander ins Gespräch. Es entstanden spannende Konversationen – über geschäftliche Dinge ebenso wie über Privates. Karsten interessierte sich für seine Mitmenschen und wirkte dabei in keiner Weise aufgesetzt oder aufdringlich. Er war heiter, ohne übertrieben witzig zu sein, gesellig, ohne sich in den Vordergrund zu spielen.

Als Karsten erfuhr, dass ich als selbstständiger Versicherungsberater für Platinia arbeitete, fragte er mich: „Haben Sie ein Produkt, von dem Sie wirklich begeistert sind? Dann empfehle ich Sie gerne weiter."

Das war eine Frage, mit der ich so überhaupt nicht gerechnet hatte. Mit meiner üblichen Floskel, dass die Geschäfte ganz gut laufen, es aber schon bessere Zeiten gegeben habe, konnte ich ihn also nicht abspeisen. Ich war ertappt. Nein, ein solches Produkt hatte ich nicht. Meine Angebote waren allenfalls durchschnittlich, und hinter keinem stand ich wirklich. Also stellte ich rasch eine Gegenfrage. Ich wollte wissen, was Karsten beruflich macht.

Ich erfuhr, dass er ebenfalls seit vielen Jahren in der Finanzbranche tätig ist. Doch vor einiger Zeit hatte er sein Engagement reduziert. „Ich verdiente gut, merkte aber irgendwann, dass der Job mich nicht mehr erfüllte", erzählte er. Heute, so fuhr er fort, sei er Vertriebscoach sowie Spezialist für Networking und Eigenmarketing.

„Das hört sich an wie Network Marketing", sagte ich.

Karsten lächelte. „Zugegeben, ein paar Dinge habe ich mir auch aus dem Bereich des Network Marketing abgeschaut. Erfolg durch mündliche Weiterempfehlungen beispielsweise. Aber prinzipiell stehe ich als Spezialist nicht vorrangig für ein bestimmtes Vertriebssystem, sondern für eine bestimmte Einstellung – zu sich selbst, seinen Mitmenschen gegenüber und gegenüber den Produkten, die man vertreibt."

Ich war neugierig geworden und fragte Karsten die sprichwörtlichen Löcher in den Bauch. Anders als ich stellte er den Menschen in den Mittelpunkt, der Profit war bei ihm beinahe ein Nebenaspekt. Und doch schien sich dieser offenbar automatisch einzustellen, während ich, der ich ständig zuerst den Profit sah, immer unprofitabler arbeitete.

Ich machte eine kurze Pause und nippte an meinem kalt gewordenen Kaffee.

„Und, was haben Sie dann gemacht?" Jana und ihre Freundin blickten mich ungeduldig an. Im Gleichklang kam die Aufforderung: „Erzählen Sie weiter."

„Am nächsten Morgen am Frühstückstisch überlegte ich, was ich jetzt tun sollte", fuhr ich fort. „Ich hatte weder den Antrieb, irgendeinen Anruf zu tätigen und Termine auszumachen, noch den, mich an meinen Schreibtisch zu setzen. Ich wusste, so konnte es keinesfalls weitergehen. Also griff ich zu meinem Jackett, das noch über dem Stuhl hing, langte in die Innentasche und zog den Stapel Visitenkarten heraus, den ich am Vorabend zusammengesammelt hatte. Die Karte von Karsten in der Hand, griff ich zum Telefon. Zehn Minuten später hatte ich mit ihm vereinbart, dass er mich coachen wird."

„Und dann?", fragte Jana, als ich nicht gleich weitersprach.

Ich lachte. „Na ja, ich habe mir seine Anregungen zu Herzen genommen und Schritt für Schritt umgesetzt. Seither macht mir meine Arbeit wieder Spaß und auch der Verdienst ist deutlich gestiegen."

Ich merkte, dass Jana meine Antwort nicht zufriedenstellte. „Aber was genau haben Sie umgesetzt?", drängte sie energisch.

„Den Menschen in den Mittelpunkt stellen – oder eben das, was auf diesem Blatt steht."

Sie las noch einmal: *Der Sonnenstrahleffekt – Networking und Eigenmarketing nach der Tornow-Methode. Geisteshaltung, Netzwerk aufbauen, Kommunikation.* Ich sah tausend Fragezeichen in ihrem Gesicht, dann wurde ihre Miene ernst. „Eigentlich verstehe ich gar nicht so recht, was das mit mir zu tun hat. Ich suche doch lediglich nach einem Job. Wissen Sie, ich habe nach meinem Betriebswirtschaftsstudium nur kurz gearbeitet, weil ich dann mit meinem ersten Sohn schwanger wurde. Zwei Jahre später kam mein zweiter Sohn zur Welt. Jetzt bin ich fünf Jahre aus der Arbeitswelt raus. Mein Mann verdient zwar gut und ich kümmere mich sehr gerne um meine Familie, aber ich möchte wieder mehr sein als nur Frau und Mutter." Während Jana sich ereiferte, legte ihre Freundin ihr behutsam die Hand auf den Unterarm und Janas Stimme wurde wieder ruhiger. „Wissen Sie, ich habe jetzt 20 Bewerbungen geschrieben, und spätestens nach dem Bewerbungsgespräch kam die Absage oder ich habe gemerkt, dass es nichts für mich ist. Stupide Bürotätigkeiten, unflexible Arbeitszeiten oder schlechte Bezahlung. So schwer hatte ich mir den Wiedereinstieg ins Berufsleben wirklich nicht vorgestellt."

„Mögen Sie Menschen?"

Meine Frage verblüffte Jana und sie schaute mich an. „Ja, klar, ich denke schon", so ihre Antwort.

„Dann überlegen Sie sich doch einmal, ob Sie sich auf das Seminar einlassen."

„Ich weiß nicht recht. Irgendwie macht mich das Ganze ein bisschen skeptisch." Jana starrte unschlüssig auf das Blatt.

„Karsten Tornow wird an drei Abenden das Konzept präsentieren. Ich werde das Seminar übrigens auch besuchen", erklärte ich.

„Sie? Ich dachte, Sie wissen schon alles." Jana schien erstaunt.

Ich lachte. „Na ja, eine kleine Auffrischung tut immer gut. Außerdem freue ich mich, Karsten wiederzusehen, und ..." Ich machte eine kurze Pause. „Und ich überlege, eine Lizenz zu erwerben, um selbst ein Tornow-Seminar anbieten zu können. Schließlich hat es mir sehr geholfen. Nun möchte ich auch andere mit dieser Methode dabei unterstützen, ein erfülltes, glückliches und beruflich erfolgreiches Leben zu führen."

Ein Anruf aus der Kita – Janas Handy klingelte; ihr Sohn müsse mit Bauchweh frühzeitig abgeholt werden – beendete meine erste Begegnung mit der jungen Frau. Doch wir sollten uns sehr bald wiedersehen, denn sie vergaß meine Empfehlung nicht.

ERSTER SEMINARABEND

DU BIST DIE SONNE

Es ist Donnerstagabend kurz vor 18 Uhr. Gleich geht es los, das Seminar von Karsten Tornow. Ich befinde mich in einem kleinen Raum in Leipzig. Nicht in einem mit weißen Wänden, grauem Bodenbelag und unbequemen Stühlen, wie man sie zuhauf in Tagungshotels nahe der Autobahn findet. Vielmehr ist es ein gemütlicher Raum mit getäfelten Wänden, hohen Decken und gepolsterten Stühlen in einem Gründerzeithaus. Nach und nach treten die Seminarteilnehmer zur Tür herein und nehmen an den zur U-Form aufgestellten Tischen Platz. Karsten Tornow steht an der Tür und gibt jedem die Hand. Mit seiner freundlichen und offenen Art vermittelt er den Teilnehmern schon bei der Begrüßung, dass sie willkommen sind und sich hier wohlfühlen können. Dann, als eine der Letzten, tritt eine junge Frau mit halblangen, braunen Haaren zur Tür herein. Etwas schüchtern reicht sie Karsten die Hand. Schließlich lässt sie ihren Blick durch den Raum schweifen. Als sie mich sieht, scheint sie aufzuatmen und kommt auf mich zu. „Hallo, Herr Schaller."
„Hallo, Frau Engelbrecht. Ich freue mich, Sie zu sehen."
„Na ja, Sie haben mich neugierig gemacht." Sie schmunzelt und setzt sich neben mich. Nun sind 20 Teilnehmerinnen und Teilnehmer anwesend.
Karsten lächelt, als er zu sprechen beginnt. Heute lautet das Thema *Geisteshaltung – Herz und Verstand in Einklang bringen*. Doch zunächst stellt er sich als Veranstalter vor.

Karsten ist Spezialist für Eigenmarketing. Als ehemaliger Finanzmanager kennt er Theorie und Praxis des Vertriebs, hat beides von der Pike auf gelernt. Heute versteht er sich als Vertriebscoach für Marken und Menschen, denen er seine Erfahrungen und sein Wissen zur Verfügung stellt. Sein Ziel ist es, andere dabei zu unterstützen, im Berufsleben sowie im Alltag gesünder, zufriedener und erfolgreicher zu sein. Karsten praktiziert Netzwerken sowohl im geschäftlichen als auch im privaten Bereich. Als begeisterter Sportler engagiert er sich beispielsweise für die Vernetzung von Sport und Wirtschaft. Ganz wichtig sind ihm zudem seine beiden Kinder, der 21-jährige Sohn und die 6-jährige Tochter.

Ein Erfolgsversprechen gibt Karsten nicht, auch kündigt er keine Erfolgsformel an. Vielmehr will er den Teilnehmern eine breite Basis an Kenntnissen, Fähigkeiten und Anregungen an die Hand geben. Ziel ist es, die Selbstvermarktung und die Vermarktung von Produkten zu optimieren. Darüber hinaus sind viele der vermittelten Dinge auch für Nicht-Vertriebler sowie im Privatleben, etwa in Partnerschaften und Freundschaften, nützlich und hilfreich.

Gegliedert ist das Seminar in fünf Teile: An den ersten drei Abenden stehen die Themen „Geisteshaltung", „Networking" und das Praxisbeispiel „Business Champion" auf dem Programm. Im Anschluss daran erhält jeder Teilnehmer ein Einzelcoaching mit Karsten. Diese individuelle Beratung dient dazu, die für die jeweilige Persönlichkeit und die entsprechenden Fähigkeiten geeignete Umsetzung zu finden und diese nachhaltig zu planen. Außerdem gibt es nach vier Monaten ein Abschlusstreffen zum Austausch von Erfahrungen und mit Tipps für eine gelungene Präsentation.

Ganz am Anfang erklärt Karsten, wie er auf die Präambel für die drei Tage gekommen ist. Im Laufe einer Autofahrt bei verhangenem Himmel habe ihn seine Tochter Johanna gefragt, wo denn die Sonne geblieben sei. „Ich sagte ihr damals, die Sonne sei immer da, auch wenn sie sich ab und zu hinter den Wolken versteckt", erzählt Karsten. Später sei ihm klar geworden, dass es sich mit der Ausstrahlung eines Menschen ähnlich verhalte. Es komme daher nur darauf an, das Leuchten wieder hervorzuzaubern, sollte es scheinbar verloren gegangen sein. Strahle ich optimistisch und offen, entsteht ein guter Effekt. Strahle ich entgegengesetzt, entsteht ein ganz anderer Effekt.

Gekommen sind an diesem Nachmittag interessante Menschen, die sich aus unterschiedlichen Gründen für das Tornow-Seminar entschieden haben und nun mit ebenso unterschiedlichen Erwartungen den kommenden Stunden entgegensehen. Aber ob jung oder älter, Familienvater oder Single, Geschäftsmann oder Hausfrau: Alle eint der Wunsch, etwas Neues zu beginnen, mehr aus ihrem Leben zu machen, zufriedener und erfolgreicher zu werden.

Da ist zum Beispiel Toni Mertensberg. Mit seiner Größe und der athletischen Statur fällt der 30-Jährige jedem sofort auf, als er sich zum Sprechen erhebt. „Ich bin – nein ich war – Profihandballer", sagt er mit fester Stimme. Seine Karriere musste Toni vorzeitig beenden. In seiner Zeit als Profi konnte der verheiratete Vater sich ein gewisses finanzielles Polster ansparen und weitreichende Kontakte knüpfen. Auch dass er einst eine Ausbildung zum Bankkaufmann begonnen hatte, diese aber kurz vor dem Abschluss abbrach, um mehr Zeit für den Sport zu haben, erzählt er. Nun sucht er nach einer neuen beruflichen Möglichkeit. „Ich erhoffe mir Ideen für eine lohnende Einnahmequelle im Vertrieb und möchte hier lernen, wie ich meine Kontakte besser nutzen kann." Dann setzt er sich wieder. Einer dieser Kontakte ist Karsten selbst, den Toni schon länger durch dessen Verbindung zum Sport kennt.

Eine ganz andere Herkunft hat Mehmet Bulut. Der mittelgroße Mann mit den dunklen Augen kam vor 15 Jahren aus der Türkei nach Deutschland. Er hatte große Träume und erhoffte sich für seine Familie eine bessere Zukunft. „Mein Onkel ist seit vielen Jahren hier und hat ein Restaurant für orientalische Spezialitäten. Er versprach mir Arbeit, also kam ich mit meiner Frau und unserem ältesten Sohn, der damals noch ein Baby war, hierher. Heute habe ich drei Kinder und arbeite immer noch für meinen Onkel." Seine Träume habe er zeitweise fast vergessen. „Doch meine Kinder werden größer. Ich möchte, dass sie eine gute Ausbildung erhalten oder studieren können. Deshalb habe ich den Entschluss gefasst, etwas Neues zu wagen und mich selbstständig zu machen", erzählt Mehmet. Viel Geld hat der 46-Jährige nicht, aber er ist geschäftstüchtig, kennt viele Landsleute und hat eine Handvoll deutsche Freunde und Bekannte. „Ich dachte an einen Lebensmittelhandel für Restaurants und Feinschmeckerläden oder so etwas in der Art. Mit Lebensmitteln kenne ich mich einfach gut aus, und hier erhoffe ich mir zu erfahren, was ich dafür brauche und wie es geht."

Herbert und Gertrud Bayer sind die ältesten Teilnehmer. Das Ehepaar hat sich gemeinsam für das Seminar angemeldet. Beide stehen auf, aber Herbert übernimmt das Wort. „Ich bin Herbert Bayer und das ist Gertrud. Mit 65 und 68 sind wir beide schon Rentner. Wir haben das Reisen als Hobby für uns entdeckt und erst vor Kurzem einen Teil unseres Ersparten in ein bequemes Wohnmobil investiert." Um nun mit ihrem neuen Gefährt noch so viel wie möglich von der Welt sehen zu können, möchten sie nebenbei gerne die Haushaltkasse aufbessern. „Dass es das Seminar von Karsten Tornow gibt, haben wir von unserer Tochter erfahren, die es uns wärmsten empfohlen hat", sagt Gertrud etwas aufgeregt. Die Tochter der Bayers kennt Karsten durch sein Projekt „Business Champion", das ihr eigenes Geschäft deutlich nach vorne gebracht hat.

HERZ UND VERSTAND

Neben Network-Marketing geht es im Seminar auch um Eigenmarketing. Das heißt: Behandelt wird nicht nur das Geschäftliche, die Arbeitswelt, sondern auch das Private. Ein gutes Netzwerk aufzubauen, ist ja auch lohnenswert, wenn man darüber nichts verkaufen möchte. Zum Beispiel hilft es dabei, Dinge günstiger zu bekommen. Das können zum einen Produkte und Dienstleistungen, zum anderen aber auch Wissen und Ratschläge sein.

Im Geschäftsleben ist natürlich jede Empfehlung wirksamer als die beste Hochglanzwerbung. Zudem kostet sie nicht direkt – mit Ausnahme der Notwendigkeit, gut beim anderen anzukommen. Und da sind wir bei der Bedeutung des Eigenmarketings, das als Hebel fürs Networking betrachtet werden kann. Es versetzt uns in die Lage, neue Kontakte zu knüpfen sowie bestehende zu festigen und zu unseren Mitmenschen gesunde Beziehungen zu unterhalten. Nicht von ungefähr lenkt das Seminar den Blick daher zuerst auf die eigene Persönlichkeit. Diese gilt es zu untersuchen, bevor man sich mit Networking und Marketing beschäftigt.

Was habe ich für konkrete Ziele? Wie viel Zeit möchte ich investieren, um diese zu erreichen? Welche Voraussetzungen bringe ich dafür mit? Diese Fragen muss beantworten, wer in seinem Leben den Erfolgsturbo zünden möchte. Es geht um die Geisteshaltung, um den Einklang von Herz und Verstand. Die Seminarteilnehmer thematisieren daher zunächst einmal sich selbst. Sie bestimmen ihren Standort, um dann den Kompass richtig einzustellen. Und dabei werden sie immer wieder Dinge schriftlich formulieren, denn nur das, was man in dieser Form festhält, wirkt nachhaltig und wird nicht vergessen. Oder anders ausgedrückt: Ein Wunsch wird erst zum Ziel, wenn man ihn niederschreibt.

WIE STRAHLST DU?

Die Teilnehmer erhalten also eine Liste mit Fragen und Aufgaben in Form eines Worksheets. Ganz oben steht: *Du bist die Sonne – Wie strahlst du?* Hintergrund: Nur wenn man etwas Positives ausstrahlt, kann man Menschen gewinnen, sie für sich, seine Geschäftsidee, Produkte oder Leistungen begeistern. Deshalb ist es so wichtig, ob jemand Ausgeglichenheit oder Anspannung, Freude oder Missmut, Interesse oder Ignoranz, Selbstvertrauen oder Unsicherheit ausstrahlt.

> Ich kann mich noch sehr gut an diesen Auftakt erinnern – und an meinen ersten Impuls, das Seminar sofort zu verlassen. *Wie strahlst du?* Woher sollte ich das denn wissen, und was hatte das mit dem Thema zu tun? Ich wollte schlicht und einfach wieder Spaß am Job haben und mehr Geld verdienen! Doch ich habe schnell begriffen, wie elementar die Ausstrahlung eines Menschen tatsächlich ist. Unsere Mitmenschen spüren, wie es in uns aussieht, wie wir „drauf sind". Und sie reagieren entsprechend, also quasi wie unser Spiegelbild. Die Frage nach dem Strahlen – sie hat mir die Augen geöffnet. Ich

wunderte mich plötzlich nicht mehr, warum es für mich immer schwerer wurde, als Versicherungsberater Geld zu verdienen. Ich war ein gestresster Miesepeter, der unter Verkaufsdruck stand. Und genau das nahmen auch meine Kunden wahr, und von einem Miesepeter will niemand etwas, geschweige denn, ihm auch noch Geld anvertrauen. Schließlich wusste schon unser Dichterfürst Goethe: *Es muss von Herzen kommen, was auf Herzen wirken soll.*

Wie strahle ich? Die Seminarteilnehmer haben fünf Minuten Zeit, um die Frage in knappen Stichpunkten zu beantworten.

Toni greift zum Stift. *Selbstbewusstsein, sicheres Auftreten, Charisma,* notiert er in Windeseile. Nach einem kurzen Zögern folgen die Worte *Ehrgeiz, Verbissenheit, Ungeduld.*

Mehmet schaut lange auf das Blatt und schreibt schließlich: *resigniert, herzlich, gastfreundlich.*

Gertrud notiert: *Herzlichkeit, Unsicherheit, traue mir vieles nicht zu.* Ihr Mann schreibt gar nichts auf.

Und neben mir Jana: *Freude, kann gut zuhören, möchte helfen, Kreativität, mache mir Gedanken um die Menschen und um die Umwelt, wirke hoffentlich unkompliziert, manchmal bin ich ängstlich, mache alles schnell, schnell.*

Was habe ich damals zu Papier gebracht? Jedenfalls überwog das Negative. Nicht sehr überraschend, denn schließlich hatte mich die Unzufriedenheit mit meiner Situation in das Seminar gebracht. Gleich zu dessen

Beginn wurde mir klar: Diese Unzufriedenheit strahle ich auch aus, und deshalb verstärkt sie sich permanent. Daraufhin nahm ich mir vor, aus dieser Spirale herauszukommen. Wie genau ich das anstellen würde, davon hatte ich allerdings noch wenig – nein ich hatte keine Ahnung.

ORTE DICH UND MACHE EINE STANDORTBESTIMMUNG

Nächster Punkt auf der Liste: *Orte dich und mache eine Standortbestimmung*. Wo stehe ich und welche Lebensziele habe ich? Wer bin ich und warum lebe ich auf diesem Planeten?

Jana schreibt: *Mama, Ehefrau, bin meist zu Hause. Oft gestresst. Fühle mich zu wenig geschätzt. Ziel: eine gute Mutter sein, meinen Kindern ein Vorbild und meinem Mann eine gute Partnerin sein, mich selbst nicht vergessen. Selbstständigkeit, um eigenes Geld zu verdienen, und nicht nur Frau und Mutter sein. Unternehmerin werden. Anderen mit meiner Geschäftsidee etwas Gutes tun. Ich und meine Arbeit sollen ernst genommen werden.*

Gertrud notiert: *Ich komme zu wenig raus, tue nie etwas wirklich für mich. Denke, dass ich viele Dinge auch nicht kann. Manchmal ist mir sehr langweilig. Ich will reisen, öfter meine Tochter sehen, unter Leute kommen und neue Menschen kennenlernen, etwas finden, das mir Spaß macht und worin ich gut bin.* Ihr Mann guckt einfach nur in die Runde.

Toni: *Ich stehe am Platz und will wieder ins Spiel. Will richtig erfolgreich werden, so, wie ich einst als Sportler erfolgreich war. Und noch besser!*

Mehmet: Ich will *ein besseres Leben und mehr Geld für meine Familie. Ich will meine Kinder bei der Ausbildung unterstützen, als Vater ein Vorbild sein, mein eigenes Geschäft führen, wieder Träume haben und daran arbeiten, dass sie sich auch erfüllen.*

Warum lebe ich auf diesem Planeten? – Hallo, geht es nicht eine Nummer kleiner? Das ist es, was ich damals als Erstes gedacht habe. Meine ganz konkreten Probleme interessierten offenbar überhaupt nicht. Mich dafür umso mehr. Es sah ja wirklich düster aus. Frau weg, Haus weg, Geld weg, zu viel Arbeit. Kein sehr glückliches Leben. Ich wünschte mir, wieder mit Freude zu arbeiten, meinen Kunden etwas zu bieten, von dem ich überzeugt war, gutes Geld zu verdienen und vor allem endlich wieder etwas mehr Freizeit zu haben. – Ja, natürlich hatte ich all das schon vor dem Seminar gewusst, aber eben nie so eindeutig formuliert. Und so war es ohne Konsequenzen geblieben. Jetzt hingegen konnte ich mir zumindest vorstellen, dass sich tatsächlich etwas tun würde. Ganz einfach deshalb, weil ich mich endlich auf mich konzentrierte. *Erkenne dich selbst!*, lautet die Aufforderung des griechischen Philosophen Thales von Milet. Der wollte ich nun nachkommen.

Als alle wieder nach vorn schauen, geht es im Seminar weiter. Wer weiß, wo er steht und wo es für ihn hingehen soll, der kann mutig in die Zukunft schauen. Mit seinen Zielen hat er etwas definiert, für das es sich lohnt, eine Menge zu tun. Er ist nicht mehr orientierungslos, sondern unterscheidet Sackgassen und Stillstand von Handlungen, die ihn in die richtige Richtung führen. Jede einzelne bewältigte Etappe, auch eine eher kleine, bringt Positives wie vielleicht ein bisschen mehr Einkommen oder etwas mehr Zeit für Familie und Leidenschaften. Und sie beschert das Erlebnis, etwas umgesetzt, Anerkennung für die Anstrengungen erhalten zu haben.

Die Erfolge geben Selbstsicherheit und die Kraft, weiterzumachen. Wer dagegen keine Ziele hat, ist verunsichert und „läuft" verwirrt durch die Gegend. Das kann durchaus abenteuerlich sein, trotzdem verliert er unterwegs Zeit, Energie und manchmal auch viel Geld. Bestenfalls kommt er an einen Punkt, wo er vielleicht gar nicht hinwollte, es aber ganz passabel ist.
Wirklich eigene Lebensziele haben nur etwa fünf Prozent der Menschen. Und diese sind meist die erfolgreicheren, vor allem aber die zufriedeneren Menschen. Denn: Sie wissen jeden Tag, weshalb sie aufstehen und in welche Richtung es gehen wird.

ZIELE ERREICHEN

Den Weg zu seinen Zielen braucht niemand allein zu gehen. Es gibt Unterstützer, Freunde und Wegbegleiter, die es ausfindig zu machen gilt. Die Empfehlung lautet daher, sich einen Coach oder Trainer zu suchen. Zudem sind da die „Fans". Und darüber hinaus gibt es noch viel mehr Hilfe auf der Reise zu den eigenen Zielen: die elf Freunde. Natürlich denkt dabei jeder an eine Fußballmannschaft, die umso erfolgreicher wird, je besser ihre elf Stars zusammenspielen.

> Ein Coach oder Trainer? Fans? Aber ich habe doch eine gute Ausbildung, bin erwachsen, bin immer allein klargekommen. Da brauche ich niemanden, der mir sagt, wo es langgeht. Am Ende meinen die damit noch so etwas wie einen Therapeuten. Mit mir nicht! Auch Menschen, die mir applaudieren, sind völlig unnötig.

Meine spontanen Reaktionen an dieser Stelle des Seminars waren nicht gerade zustimmend. Doch auch an diesem Punkt begann ich nachzudenken. Was ist mit Spitzensportlern, ob Individual- oder Mannschaftssport? Natürlich haben sie alle einen Trainer, und bei niemandem läuft es ohne jubelnde Fans. Ebenso die Manager in Wirtschaftsunternehmen. Die holen sich Coaches für die Persönlichkeitsentwicklung, für Präsentationstechniken, fürs Ziel- und Zeitmanagement, für Audio- und Videotrainings. Letzten Endes muss man in jedem Beruf und auch im Privatleben das Optimale aus sich herausholen, mit anderen kooperieren, seine Stärken bestmöglich einsetzen.

Elf Freunde? Keiner der Teilnehmer kann sich so recht vorstellen, was sich dahinter verbirgt. Es ist mucksmäuschenstill in der Runde. Jana sowie einige andere notieren eifrig jedes Wort. Manche sitzen zurückgelehnt mit entspannt verschränkten Armen und lauschen. Bevor das Geheimnis gelüftet wird, geht es im Detail um den Coach und die Fans.

COACH UND FANS

Ob man einen Coach braucht und wie professionell dieser sein sollte, hängt ganz wesentlich davon ab, wie ambitioniert die Ziele sind. Das wird deutlich beim Vergleich mit dem Sport: Wer Fußball spielt und lediglich bis in die Bezirksliga will, dem reicht es, sein eigener Spielertrainer zu sein. Wem dagegen die Bundesliga vorschwebt, der braucht einen Trainer. Vielleicht einen, der eben diesen Weg bereits zurückgelegt hat. Von ihm lassen sich Dinge lernen, die gut funktioniert haben und vermutlich wieder funktionieren werden. Soll es richtig hoch hinausgehen, wird also die Bundesliga anvisiert, dann ist ein absoluter Vollbluttrainer gefragt. Nur dann läuft er nicht ausschließlich in den Spuren anderer, bringt er seine Stärken bestmöglich ein, hebt er sich von seinen Konkurrenten deutlich ab.

> Wenn ich heute zurückblicke, dann war Karsten mein Coach. Zumindest am Anfang der Strecke. Er hat mir die Augen geöffnet für das, was mich meinen Zielen entscheidend näherbringt. Er hat mir den Mut gegeben, die ersten Schritte nicht nur zu denken, sondern sie tatsächlich zu gehen. Er hat mir das Rüstzeug gegeben, um mit Rückschlägen und Motivationstiefs umzugehen. Heute bin ich mein eigener Trainer. Ja, mehr als das, ich fühle mich dazu in der Lage, mein Wissen weiterzugeben und anderen Hilfestellung zu geben. Wäre ich ein Fußballer, hätte ich als erfolgloser Kicker auf einem Bolzplatz begonnen. Mittlerweile wäre ich ein anerkannter Spieler, der gut von seinem Job leben kann, der ihm zudem Spaß macht. Und ich habe bereits den Nachwuchs im Blick, den ich dabei unterstütze, es mir gleichzutun.

Neben dem Trainer sind es die „Fans", die einem einen starken Halt geben. Im Stadion sitzen sie auf den Rängen, singen, jubeln, treiben die Spieler mit Sprechchören an, sind auch da, wenn der Abstieg droht. Im richtigen Leben sind Fans Helfer, die keine finanzielle Gegenleistung erwarten, sondern jemanden motivieren und unterstützen, weil sie ihn als Person schätzen. Besonders unerschütterlich und motivierend tun das häufig die Mitglieder der eigenen Familie sowie enge Freunde. Ihnen sollte man von seinen Zielen und den Schritten dorthin erzählen. Sie honorieren das damit bewiesene Vertrauen und lassen sich relativ leicht begeistern – zumal dann, wenn sie merken, wie sehr sie selbst von einer positiven Entwicklung ihres Familienmitglieds oder Freundes profitieren. Verdient etwa ein Ehepartner mehr Geld, muss der andere ein Stück weit weniger für das finanzielle Auskommen sorgen und können den Kindern mehr Wünsche erfüllt werden.

Treue Fans werden aber nicht nur aus dem persönlichen Umfeld „rekrutiert". Es können auch Menschen dazu werden, die von den Produkten und Dienstleistungen, die man vertreibt, so überzeugt sind, dass sie gerne kostenlos als Werbeträger fungieren und einen weiterempfehlen. Einfach deshalb, weil sie möchten, dass andere Personen auch vom Nutzen eines bestimmten Angebotes erfahren. Diese Art von Fans sind damit so etwas wie ehrenamtliche Mitarbeiter. Eine enorm wichtige Gruppe, die es zu pflegen gilt. Denn: Mit der Hilfe von Fans stellen sich Erfolge im Verkauf schneller, leichter und entspannter ein.

Wie aber wandeln sich Nur-Kunden zu Kunden-Fans? Das passiert in der Regel nicht ohne entsprechenden Einsatz desjenigen, der Fans haben möchte. Er muss mutig sein und die Kunden konkret fragen, ob sie mit seinen Leistungen zufrieden waren und ihn weiterempfehlen würden. Oftmals lässt sich das mit dem Gegenangebot kombinieren, selbstverständlich auch gerne etwas für das Business des Kunden zu tun.

> Ich selbst hatte lange Zeit ganz aus den Augen gelassen, dass es auch Fans geben kann. Familie und Freunde vernachlässigte ich total. Mein Leben war nur noch ein Kampf, den ich ganz allein kämpfte. Das quittierte meine Frau irgendwann damit, dass sie sich von mir trennte. Mittlerweile habe ich wieder eine gute Beziehung zu

ihr aufgebaut. Ja, ich habe mit ihr sogar einen „ehrenamtlichen Helfer" gewonnen, denn sie empfiehlt mich
weiter, wenn sie kann. Und meine Freunde? Als ich mich
nach langer Zeit wieder einmal im Tennisclub sehen ließ,
wurde mir zunächst unterstellt, ich müsste eine Ver-
sicherung an den Mann oder die Frau bringen. Meine
alten Freunde konnten sich gar nicht vorstellen, dass ich
einfach wieder mitspielen wollte.

KOMMUNIKATION MIT SICH SELBST

Bei der Suche nach Fans spielt Kommunikation eine herausragende Rolle. Das Vorhaben, die Ziele, die Geschäftsidee und die
Produkte müssen so dargestellt werden, dass Menschen den
Nutzen erkennen. Ja, mehr als das, es gilt, andere emotional
zu erreichen, sie zu begeistern, sie zu Anhängern zu machen.
Einer Ansprache, der dies gelingt, geht stets die eigene Überzeugung voraus. Also erst die Kommunikation mit sich selbst
und dann die nach außen!

Bei mir hat es schon Klick gemacht, als Karsten das erste
Mal kurz auf die Bedeutung der Kommunikation zu sprechen kam. Ja, wie kommuniziere beziehungsweise wie
kommunizierte ich eigentlich? Darüber hatte ich mir nie
wirklich Gedanken gemacht und ich machte mir auch
nicht bewusst, wie ich bei anderen ankam. Natürlich
merkte das jeder. Heute dagegen freue ich mich darauf,
mit anderen über meine Angebote zu reden. Heute
glaube ich an mich und meinen Erfolg – und genau
deshalb habe ich ihn. Heute strahle ich hell, während
früher graue Wolken dominierten. Diese Wandlung war
das Werk eben jener elf Freunde, die immer schon da

gewesen waren, die ich aber erst im Seminar für mich entdeckte.

DER 1. FREUND: DAS HERZ

Der erste der elf Erfolgshelfer ist das Herz. Nicht nur das Organ, der Muskel, ohne den unser Körper nicht existieren könnte. Gemeint ist das Herz als Symbol für die Gefühlswelt in Abgrenzung zum Verstand – und natürlich für die Liebe. Nach wissenschaftlichen Studien von Neurokardiologen funktioniert das Herz wie ein zweites Gehirn mit eigenem Nervensystem. Es soll fähig sein zu empfinden, zu lernen und eigene Entscheidungen zu treffen. Und es führen sogar mehr Nervenzellen vom Herzen zum Gehirn als in die umgekehrte Richtung. Am Institute of HeartMath bei San Francisco haben Forscher das große Magnetfeld des Herzens entdeckt, von dem 60 Mal mehr Energie ausgeht als vom Gehirn und dessen Kraft bis zu 5.000 Mal stärker ist als die der Schaltzentrale in unserem Kopf.[1] Noch mehrere Meter entfernt lässt sich das „Cardio-Magnetfeld" nachweisen. Es pulsiert und schickt permanent rhythmische Muster durch den gesamten Körper. Gehirn, aber auch Pulsschlag und Atmung werden immer wieder mit diesem Rhythmus synchronisiert. Negative Emotionen stören ihn, so die Forscher. Liebe, Freundschaft und positive Gefühle sollen dagegen harmonische, gleichmäßige elektromagnetische Felder hervorrufen.

> Ich kann mich noch sehr gut daran erinnern, was ich beim Kapitel „Der 1. Freund" dachte. Was soll denn das Herz mit beruflichem Erfolg zu tun haben? Für mich war es eher so gewesen, dass meine Gefühle mir oft im Weg standen. Liebe und Freundschaft … ja, okay, im

---

1   https://www.sein.de/das-herz-unser-zweites-gehirn/

Privatleben war das Herz natürlich wichtig, doch im Job? Dann aber dachte ich genauer nach. Hatten sich nicht Probleme in meiner Beziehung ergeben, weil ich keinen Spaß mehr an meiner Arbeit hatte? Alles hängt eben mit allem zusammen. Wir leben nicht in zwei völlig getrennten Sphären. Wie es uns mit dem Partner oder auch mit uns allein auf dem Sofa geht, wirkt sich darauf aus, wie wir mit Kunden und Kollegen umgehen. Und umgekehrt! Als ich mich zu dieser Erkenntnis durchgerungen hatte, erschien mir die Botschaft vom Herzen als Erfolgshelfer gar nicht mehr so abstrus. Mir kam „Der kleine Prinz" von Antoine de Saint Exupéry in den Sinn. *Man sieht nur mit dem Herzen gut. Das Wesentliche ist für die Augen unsichtbar.* Von diesen Sätzen ist es nicht weit bis zur Freundschaft mit dem Herzen!

Auch die Seminarteilnehmer sollen über den kleinen Prinzen nachdenken. „Sehen" sie mit dem Herzen? Fragen sie ihr Herz bei wichtigen Dingen um Rat? Man weiß heute, dass das Herz sich viel schneller entscheidet als der Verstand und dass es die langfristig besseren Entscheidungen trifft.

Das kann ich nur voll und ganz unterschreiben. Mir fallen spontan eine ganze Menge Situationen ein, in denen mein Kopf und mein Herz völlig gegensätzlicher „Meinung" waren. Folgte ich dem Kopf, lag ich so gut wie immer falsch. Gab ich dagegen dem Herzen nach, wurde es manchmal zunächst schwierig, aber auf lange Sicht erwies sich der so eingeschlagene Weg immer als der richtige. Sicher, viele singen ein Loblied auf das Bauchgefühl. Doch wer setzt das konsequent in die Praxis um? Kaum jemand, denn wir sind viel zu sehr darauf geeicht, alles bis ins kleinste Detail zu analysieren. Apropos Lied: „Herz über Kopf" heißt es in einem populären Song. Wie wahr! Grundsätzlich hat natürlich auch die kopfgesteuerte Entscheidung ihre Berechtigung, aber in Zweifelsfällen sollte sich der Kopf eher unterordnen. Das jedenfalls war für mich die Lehre meines Lebens – als ich, angeregt durch Karstens Seminar, zum ersten Mal intensiv darüber nachdachte.

Lernen aus Literatur – dafür eignet sich auch „Der Alchimist" von Paulo Coelho. Ein junger Mann nimmt zahlreiche Gefahren auf sich und reist um die halbe Welt, um einen unermesslich großen Schatz zu finden. Am Ende stellt er fest, dass eben dieser Schatz in seinem Heimatdorf vergraben ist. – Wie lautet die Botschaft dieser Geschichte?

„Das Gute befindet sich oft vor der Haustüre", sagt Gertrud, und alle nicken zustimmend. Ja, das Gute ist oft so nah, näher noch als bei Coelho, nämlich in unserem eigenen Inneren. Jeder sollte deshalb prüfen, ob sein Herz die eigenen Ziele bejaht. Dann – und nur dann! – macht er sie im wahrsten Sinne des Wortes zu seiner Herzensangelegenheit, die ihm eine ungeheure Energie verleiht.

Das kann ich voll und ganz bestätigen. Früher habe ich mein Herz immer wieder zum Schweigen gebracht. Sofern das heute überhaupt noch vorkommt, rufe ich mir sofort ins Bewusstsein, was ich mittlerweile tief in mir verankert habe: Mein Herz ist mein Freund! Ich lasse es also sprechen, treffe keine allein kopfgesteuerten Entscheidungen mehr. Gibt mir mein Herz das Okay und unterstützt es den Verstand, bin ich auf der sicheren

Seite – und kann mich mutig auf den Weg machen. Und auf dem begleiten mich viele weitere Freunde, die ich im Seminar kennengelernt habe.

DER 2. FREUND: ZIELE DEFINIEREN UND FORMEL ANWENDEN

Wie wichtig Ziele im Leben sind, wurde den Teilnehmern gleich zu Beginn des Seminars klar. Auch in der Liste der Erfolgshelfer-Freunde nehmen die Visionen und Wünsche natürlich einen breiten Raum ein. So wird der 2. Freund mit *Ziele definieren und Formel anwenden* umschrieben. Er besteht also aus zwei Teilen, die nur zusammen sinnvoll sind.

Schritt eins ist die Verdeutlichung der eigenen Vorhaben, Absichten, Träume. Was will der Einzelne durch intelligente Kommunikation und kluges Networking erreichen? Sind es nur materielle Ziele, sind es ideelle Ziele, ist es die optimale Work-Life-Balance oder sind es ganz andere Dinge? Um den Antworten näherzukommen, schreibt jeder seine Gedanken auf. *Familie und sinnvolle Arbeit* stehen ganz vorn, ebenso *Gesundheit, Freizeit, Haus, Freunde*, aber auch *Anerkennung* und *Erfolg* werden häufig genannt.

All das ist aber noch zu sehr Bauchladen und zu wenig konkret. In einem nächsten Schritt muss sich daher jeder für drei seiner Ziele entscheiden, die für ihn Priorität haben. Gleichzeitig sind detaillierte Punkte in Form eines ganz speziellen „Bestellzettels" gefordert: Was will ich genau? Bis wann soll es erreicht sein? Was kostet das? Bei Letzterem sind nicht nur Kosten in Euro gemeint, sondern auch Arbeitskraft, Zeit, der Mut zu einem Gespräch, mehr Geduld oder positives Denken.

Um die Teilnehmer zu noch stärkerer Fokussierung anzuhalten, sollen sie sich nun ein einziges Ziel heraussuchen sowie sich die Ankunft an diesem mit allen Sinnen vorstellen. Ein Bild, Musik im Hintergrund, Gerüche und die Emotionen dazu. All das wird im Gehirn gespeichert und nicht mehr vergessen. Folge: Die motivierende Zielankunft im Kopf treibt uns an und bewirkt, dass wir mit größerer Wahrscheinlichkeit als zuvor tatsächlich dort hingelangen, wo wir hinmöchten. Sehr effektiv ist es auch, die drei wichtigsten Ziele bildlich darzustellen und an Orte zu hängen, an denen man sie täglich sieht – etwa an den Kühlschrank oder an den Badezimmerspiegel. Wer lieber ein digitales Foto nimmt, kann dieses als Desktop-, Tablet- oder Smartphone-Hintergrund einstellen.

Heute habe ich eine kleine Bildwand, an die ich immer wieder Dinge hänge, die meine Ziele verdeutlichen. Als Karsten mir zum ersten Mal dazu riet, war ich skeptisch. Ich wollte wissen, weshalb ich das tun sollte? Was bringt mir ein Bild an der Tür oder über meinem Schreibtisch? Die Antwort ist so einfach wie plausibel: So habe ich mein Ziel buchstäblich immer vor Augen und ich weiß, wie fantastisch ich mich fühlen werde, sobald ich es erreiche. Das motiviert mich ungemein. Es lässt mich Durststrecken überstehen und verhindert das Aufgeben. Mein Herz klopft jedes Mal voller Vorfreude, wenn ich auf meine Zeichnung schaue. Dann sehe ich nicht nur, ich höre und fühle auch. Es geht mir einfach gut und das Weitermachen ist wieder mit Lust verbunden! Auch zur Abschreckung eignet sich die Methode. Wer einmal 30 Kilogramm zu viel auf der Waage hatte und dank gesunder Ernährung sein Idealgewicht erreicht hat, könnte sich ein Foto, das ihn in seinen schlimmsten Zeiten zeigt, an den Kühlschrank hängen. Disziplin garantiert!

Wie wichtig Ziele und ihre Visualisierung sind, haben alle Seminarteilnehmer eingesehen. Zeit also für Teil zwei des 2. Freundes, der da lautet: *Formel anwenden*. Als die Teilnehmer eben diese Formel vor sich auf Papier und auf der großen Leinwand sehen, sind manche zunächst skeptisch:

E + P + A + K = Ziel umgesetzt

E steht für *Erkennen*, was heißen soll, das Ziel genau zu definieren und es zu visualisieren. Teil eins des 2. Freundes, der bereits besprochen wurde. Es folgt das **P** für *Planen*. Gemeint ist das Notieren von zehn Punkten, die dabei helfen, das Ziel zu erreichen, sowie die Gewichtung dieser Punkte. **A** wiederum bedeutet *Anwenden* all dessen, was unter P aufgelistet wurde. Klingt simpel, ist aber das Schwierigste, denn es umfasst letztlich den gesamten Weg bis zum Finish. Der letzte Buchstabe schließlich, das **K**, steht für *Kontrolle*. Darunter fallen die Festlegung von Zwischenzielen und die Kontrolle, ob diese auch erreicht werden. Auch hier liegt das Geheimnis darin, möglichst konkret zu bleiben, zum Beispiel zu notieren, bis wann welche Etappen zurückgelegt sein sollen.

Manche Teilnehmer wissen nicht so recht, wie sie diese Formel für sich selbst mit Inhalt füllen sollen. Ein Beispiel veranschaulicht, was gemeint ist: So kann ein Verkäufer sich einen Kalender nehmen und eintragen, bis wann er ein geeignetes Produkt gefunden haben will, bis wann die ersten 20 Kunden akquiriert sein sollen oder bis wann er seinen Zielumsatz erreicht haben möchte. Das reicht noch nicht, um die gesamte Formel anwenden zu können, aber es ist ein Anfang. Jeden Tag zeigen die Einträge dem Verkäufer, ob er im Plan liegt. Hinkt er diesem hinterher, so gilt es zu überlegen, warum das so ist. Vielleicht muss mehr Zeit investiert werden, um das Netzwerk intensiver auszubauen. Vielleicht müssen die Produkte überzeugender verkauft werden. Vielleicht aber ist der Knackpunkt das Produkt selbst, das nicht das richtige ist.

Doch auch Nicht-Vertrieblern bringt der 2. Freund viel, denn die möglichen Ziele haben eine prinzipiell unendliche Bandbreite. So gehört auch der Wechsel des Unternehmens dazu – mit den Etappen Finden geeigneter Firmen, Schreiben der Bewerbungen, Abschicken der Bewerbungen, Kündigung, Unterschrift unter den neuen Arbeitsvertrag, Abschluss der Einarbeitung, Erreichen eines bestimmten Gehaltes und so weiter. Die Seminarteilnehmer erkennen, dass auch dieser Freund tatsächlich allen hilft. Sie brauchen ihn nur anzunehmen, ihren persönlichen 10-Punkte-Plan inklusive Gewichtung zu erstellen sowie Zwischenziele samt Zeitvorgaben festzulegen.

Im Übrigen ist dieser Freund wie auch alle anderen ebenso im privaten Bereich relevant. Möchte etwa jemand die Beziehung zu seinem Partner verbessern, lassen sich auch dafür einige Punkte aufstellen – beispielsweise die Lieblingsblumen mitbringen, eine Badewanne für zwei einlassen, zusammen im Bett frühstücken etc.

DER 3. FREUND: REGISSEUR, UNTERNEHMER UND FINANZGENIE SEIN – BIST DU DEIN CHEF?

Viele Menschen träumen davon, sich selbstständig zu machen. Es gibt dann niemanden mehr, der ihnen sagt, was sie tun müssen. Das klingt nach Freiheit, bedeutet aber auch, in jeder Hinsicht Verantwortung übernehmen zu müssen. Das allerdings gilt auch für all diejenigen, die als Angestellte arbeiten. Wenn man es genau betrachtet, sind auch sie in vielerlei Hinsicht ihr eigener Chef. Nur einer kann ihren persönlichen Erfolg im Leben und im Beruf wirklich stark beeinflussen: sie selbst. Sicher spielen Zufälle eine Rolle. Der eine ist gerade zur richtigen Zeit am richtigen Ort, der andere nicht. Der eine hat Eltern gehabt, die ihn gefördert haben, der andere nicht. All das aber reicht nicht an den Einfluss der eigenen Persönlichkeit heran!

> Wie sehr ich mein Leben selbst bestimme, war mir vor meinem Seminar bei Karsten nicht bewusst. Ständig machte ich alle möglichen äußeren Umstände, andere Menschen, das Schicksal und was mir sonst noch einfiel für meine Situation verantwortlich. Dafür, dass ich nicht glücklich, nicht einmal auch nur halbwegs zufrieden war. Eine Einstellung, die Karsten mit einer simplen Übung in Frage stellte. Er stellte einen Regiestuhl in die Mitte des Raumes und forderte jeden Teilnehmer auf, seinen Lieblingsfilm zu notieren. Einige entschieden sich für Hollywoodklassiker, andere für eher unbekannte Kinofilme. Niemand aber schrieb: „das eigene Leben". Dabei sollte jeder genau dieses zu seinem Lieblingsprojekt machen. Jeder sollte Regie in seinem Leben führen, weil das eine Aufgabe ist, die niemand anderem überlassen werden darf.

Auch jetzt steht wieder der besagte Regiestuhl mitten im Raum. Mehmet nimmt nach einigem Zögern auf ihm Platz und schaut sich um. Er wird gefragt, wie es sich anfühle, sich eine Story für den Film über das eigene Leben überlegen zu dürfen.

„Eigentlich ganz gut", antwortet Mehmet und lächelt vorsichtig. Eigentlich – erfassen kann er also noch nicht, was ihm da abverlangt wird, und vor allem ist ihm höchst schleierhaft, wie denn die Regiearbeit im Detail aussehen wird. Da gehe es etwa um die Vergabe von Haupt- und Nebenrollen, wird ihm gesagt. Kandidatinnen und Kandidaten dafür sind Familienmitglieder und Freunde, aber auch Nachbarn, Kollegen und andere – die „ehrenamtlichen" Helfer, Coaches und Unterstützer, die sich in den ganz persönlichen Lebensfilm einbinden lassen.

Die gelernte Lektion: Wer Ziele hat und diese erreichen möchte, kann sein Leben selbst managen, kann zum Unternehmer oder leitenden Angestellten werden. Und „Unternehmer" kommt von „unternehmen" und nicht von „unterlassen". Alles, was man erlebt, ist Ergebnis eigener Unternehmung. Man trägt selbst dazu bei, ob man eine glückliche Beziehung hat oder mit dem Partner eher in einer Art Wohngemeinschaft zusammenlebt, ob man Freunde hat oder nur Bekannte, ob man einer sinnvollen Arbeit nachgeht oder einfach etwas tut, um Geld zu verdienen, ob man echte Passionen hat oder selbst in der Freizeit nicht vom Alltag abschalten kann etc.

Ja, genau, denke ich. Ich hatte mir diese Verantwortung für mich selbst in den letzten Monaten sehr zu Herzen genommen. Seitdem freue ich mich jeden Tag darüber, mein eigener Chef zu sein und mein Leben in die gewünschte Richtung zu lenken. Klar, manchmal schimpfe ich auch mit mir, wie es sonst eben der Chef mit seinen Angestellten tut. Doch ich bin dabei konstruktiv, suche eine Lösung, lerne aus Fehlern. Das muss ich auch, denn bei einer personalen Einheit von Chef und Angestelltem tut es niemand sonst für mich!

Im Seminar wird nun der dritte Teil des 3. Freundes behandelt, das Finanzgenie. Wer weiß über seine Finanzen genau Bescheid? Die Teilnehmer behaupten zunächst, sehr wohl im Bilde zu sein, doch sie müssen das schnell relativieren. Toni Mertensberg kann etwa die Frage nach der Zahl seiner Versicherungen und der dafür monatlich ausgegebenen Summe nicht beantworten. Auch die Höhe seiner Stromrechnung kennt er nicht und er hat auch nur eine ungefähre Ahnung davon, was ihn die Heizung, das Essen, der Haushalt kosten.

Ähnlich geht es vielen. Sie glauben, ihre Ausgaben im Groben zu kennen, doch im Detail wissen sie eher wenig. Wer sich einen genauen Überblick über das eigene Budget machen will, dem hilft beispielsweise ein simples Haushaltsbuch. Früher war dies oft ein ganz normales Heft, in dem alle Posten sorgsam vermerkt und am Ende mit dem Taschenrechner zusammengezählt wurden. „Heute nutze ich einen Finanzexperten", sagt Jana. Der erstellt regelmäßig eine Finanzstrategie für sie und ihren Mann. Dadurch kann das Ehepaar nachvollziehen, in welchen Bereichen die Kosten steigen oder sinken und ob eventuelle Sparmaßnahmen Wirkung zeigen. Beide hatten die Höhe mancher Posten völlig falsch eingeschätzt. Nach ein paar Monaten brachte die Strategie spürbar mehr Geld am Ende jedes Monats.

Logisch, dass man vor allem dann als Finanzgenie gefragt ist, wenn der Schritt in die Selbstständigkeit bevorsteht. Dafür gibt es beispielsweise im Vertrieb je nach Branche und Produkten zahlreiche Möglichkeiten, die sich auch mit wenig Startkapital nutzen lassen. Natürlich gilt es, nicht nur den Status quo zu erfassen, sondern auch eine Kalkulation für die Zukunft und einen konkreten Businessplan zu erstellen. Bis wann muss ich wie viel im Monat umsetzen, um gewinnbringend zu wirtschaften? Die Antwort darauf ist unabdingbar, um für sich selbst klar zu sehen. Zudem wird die Kalkulation inklusive Sicherheiten von jedem Kreditinstitut verlangt, das Kapital für die Unternehmensgründung zur Verfügung stellen soll. Und das ist gut so, denn es verringert die Gefahr einer unüberschaubaren Verschuldung. Nur wer scharf analysiert, Risiken abschätzt, die Kreditraten berücksichtigt, Umsatz von Gewinn unterscheidet etc., handelt verantwortungsvoll.

DER 4. FREUND: FRISCH BLEIBEN, KEIN ABLAUFDATUM ZULASSEN

In der eigenen Verantwortung liegt es auch, ob man sich auf dem neuesten Stand hält. In jeglicher Beziehung. Das fängt beim Lesen von Nachrichten – entweder online oder in Form einer Zeitung – an. Unabhängig vom Alter gehört ein modernes Handy heute zur Grundausstattung und die sozialen Netzwerke sind gerade für Netzwerker unabdingbar. Niemand muss sein Leben in den sozialen Medien ausbreiten, doch zu wissen, wie sie funktionieren und sich weiterentwickeln, ist wichtig, um mitreden zu können. Schließlich erfordert nahezu jeder Beruf die Fähigkeit zum Small Talk – und da geht es auch um Inhalte. *Frisch bleiben, kein Ablaufdatum zulassen*, so nennt Karsten den 4. Freund und Erfolgshelfer.

Es geht bei diesem Freund nicht nur darum, die aktuellen Schlagzeilen zu kennen. Frisch zu bleiben bedeutet, offen und wissbegierig zu sein. Es bedeutet, auch einmal zum Buch zu greifen, statt sich durch das Fernsehprogramm zu zappen. Ebenso hält ein neues Hobby oder eine neue Sprache frisch – und beides bereichert das Gespräch mit anderen. Natürlich kann sich niemand bei allen Themen auskennen und man braucht deshalb nicht die Unterhaltung über etwas zu scheuen, über das der andere viel mehr weiß. Im Gegenteil: Es gilt, diese Gelegenheit zum Lernen zu nutzen. Also ruhig nachfragen und sich die Dinge genauer erklären lassen. Das hat gleich zwei positive Effekte: Der Fragende ist hinterher schlauer und der Befragte fühlt sich wertgeschätzt.

Ebenso gehört es zum Up-to-date-Sein, mit der Zeit zu gehen und Neuem gegenüber aufgeschlossen zu sein. Digitalisierung und Globalisierung sorgen für Veränderungen, deren hohe Geschwindigkeit in der Geschichte ohne Beispiel ist. Man muss aufpassen, nicht abgehängt zu werden, darf sich aber auch nicht zu sehr unter Druck setzen lassen, sondern sollte sein eigenes Tempo finden. Also wie beim 1000-Meter-Lauf nicht mit den Besten mithalten wollen, sondern sich an denen orientieren, die etwa gleich stark sind, und sich von diesen das eine oder andere abschauen. Sicher, für manchen mag es anstrengend sein, sich ständig etwa über moderne Kommunikationswege zu informieren und diese auch auszuprobieren. Auf der anderen Seite macht es den meisten nach der Lernphase Spaß, und unabhängig davon geht schlicht kein Weg daran vorbei. Denn: Gerade soziale Medien sind zum Netzwerken und für das Marketing wie geschaffen.

In meinem früheren Leben – so nenne ich manchmal die Zeit vor meinem ersten Seminar bei Karsten – fand ich es ziemlich unnötig und viel zu stressig, mich permanent auf dem Laufenden zu halten. Doch seit ich zielgerichtet informiert bin, freue ich mich über all die positiven Wirkungen. Ich bleibe geistig aktiv und lerne ständig spannende Dinge. Es stimmt ja: Nicht nur der Körper, auch

das Gehirn muss trainiert werden, um seine Leistungs-
fähigkeit zu bewahren und optimal arbeiten zu können.

Das erfahren nun auch die aktuellen Seminarteilnehmer: Erhält
das Hirn neue Impulse, werden Gewohnheiten und immer glei-
che Schemata unterbrochen. Es bilden sich neue neuronale Verbindungen und man lernt dazu. Je älter man wird, desto wichtiger ist es, das Hirn anzuregen. Denn: Mit der Zeit baut das Hirn
nicht nur Nervenzellen ab, auch die Dichte der Synapsen wird
geringer. Möglichkeiten, dies zu verhindern, gibt es viele. Nur ein
Beispiel: kleine Trainingsaufgaben in den Alltag einbauen, wie
beispielsweise das Einprägen von Telefonnummern, das Lösen
von Kreuzworträtseln oder das Auswendiglernen eines Gedichts.

DER 5. FREUND: GESUNDHEIT

Nicht nur die geistige Fitness, auch die körperliche Gesundheit ist ein Freund und Erfolgshelfer. Wie wohl jeder weiß,
muss man einiges dafür tun, diesen Freund in gutem Zustand
zu erhalten. Sport und ausgewogene Ernährung heißen die
allgemein bekannten Strategien. Klar, beides erfordert den
Einsatz von Zeit, doch dieses „Investment" rentiert sich ganz
besonders. Zudem lassen sich eben die 24 Stunden des Tages
auf höchst unterschiedliche Weise nutzen. Statt sich abends
mit einer Flasche Bier vor den Fernseher zu setzen, kann man
sich angewöhnen, spazieren zu gehen. Statt morgens immer
wieder die Schlummertaste des Weckers zu drücken, kann man
aufstehen und ein paar Minuten Gymnastik machen. Anfangs
mag es Überwindung kosten, jeden Tag eine halbe Stunde zei-
tiger aufzustehen und joggen zu gehen. Doch das lohnt sich! Es
bringt den Kreislauf in Schwung, baut Stress ab und hilft dabei,
den Kopf freizubekommen – und der Tag beginnt mit Erfolg!

Ähnlich sieht es bei der Ernährung aus. Wer bisher eher unreflektiert gegessen und getrunken hat, braucht zunächst Zeit, um etwas zu ändern. Nach einigen Wochen aber sind neue Verhaltensweisen zu Gewohnheiten geworden. Zwar dauert es dann immer noch länger, ein vollwertiges Abendessen zu kochen, statt lediglich eine Fertigpizza in den Ofen zu schieben, aber Gemüse zu schneiden, rote Paprika mit grüner Zucchini zu kombinieren und frische Kräuter über das Gericht zu streuen, ist auch ein sinnliches Vergnügen! Und um dem Körper wirklich alles zu geben, was er braucht, sollte man sich ein wenig über sinnvolle Nahrungsergänzungsmittel informieren. Denn wer isst schon wirklich täglich die von Experten empfohlenen fünf Portionen Obst und Gemüse?

Laufen zu gehen oder zu kochen war mir stets zu aufwendig. Dafür hatte ich weder Zeit noch Lust. Heute weiß ich, dass beides Scheinargumente sind. Ich mache jetzt regelmäßig Sport, ohne es zu übertreiben. Ich habe entdeckt, dass es tolle Pflegeprodukte auch für Männer gibt, und nutze diese regelmäßig, denn Attraktivität trägt enorm zum Selbstbewusstsein bei. Ich esse ausgewogen, trinke viel grünen Tee und stilles Wasser, berücksichtige den Säure-Basen-Haushalt meines Körpers. Aber ich gönne mir natürlich ab und zu ein Glas Wein oder ein Stück Kuchen. Eine gesunde Lebensweise darf keinesfalls Entbehrung bedeuten oder zu zwanghaftem Verhalten führen. Ich denke, das bekomme ich ziemlich gut hin. Zu Beginn habe ich mich übrigens ein wenig selbst ausgetrickst. Da beschloss ich nämlich, von Montag bis Freitag total diszipliniert zu sein, mir dafür aber samstags und sonntags alles zu erlauben. Die Vorfreude auf das Wochenende erleichterte mir beispielsweise den

Verzicht auf das Rauchen an den anderen Tagen – und sehr bald brauchte ich die Zigaretten am Ende der Woche auch nicht mehr!

DER 6. FREUND: LIEBE UND FREUNDSCHAFT

Welch ein Glück, geliebt zu werden! Und lieben, Götter, welch ein Glück! Das sagte Johann Wolfgang von Goethe, und die meisten Menschen stimmen dem Dichter sicher zu. Was aber haben Liebe und Freundschaft in einem Seminar über Network und Eigenmarketing verloren? Sie sind der 6. Freund, also einer der wichtigen elf Erfolgshelfer, denn: Ohne positive Ausstrahlung wird es in jedem Beruf und insbesondere im Vertrieb schwer, da man hier tagtäglich mit anderen Menschen in Kontakt tritt. Liebe und Freundschaft aber tragen einen großen Teil dazu bei, dass wir nach außen hell strahlen.

Aus der Glücksforschung weiß man heute: Liebe und enge Freundschaften sind die wichtigsten Glücksfaktoren. Sie rangieren deutlich vor Geld und Ruhm. Das ganze Leben sieht gleich besser aus, wenn man liebt und geliebt wird, wenn man einen Partner hat und enge, vertrauensvolle Freundschaften pflegt. Die Seminarteilnehmer haben das selbst erfahren. Sie erzählen, wie ihnen stabile Beziehungen Kraft verliehen, Halt gegeben und Geborgenheit geschenkt haben. Solche Verbindungen machen glücklicher und zufriedener, sie helfen uns, Herausforderungen zu meistern.

Ja, natürlich, eigentlich wusste ich immer, wie wichtig andere Menschen nicht nur für mich sind. Eigentlich! Faktisch liefen meine Beziehungen, meine Ehe und meine

Freundschaften jedoch nur so nebenher. Ich habe dafür so gut wie nichts getan. Nicht von ungefähr ließ sich daher meine Frau von mir scheiden. Ich hatte sie nicht allein wegen des Arbeitsstresses und des täglichen Drucks aus den Augen verloren. Unsere Verbindung wurde immer weniger tief. Ich hatte mir die dafür nötige Zeit nicht genommen, und so wurden aus kleinen Streitereien des Alltags große Diskrepanzen – und irgendwann war es zu spät. Dass mir meine Frau eine Stütze, eine Partnerin im wahrsten Sinne des Wortes hätte sein können, hatte ich mir gar nicht bewusst gemacht.

Wir alle kennen die Weisheit, nach der sich Gegensätze anziehen. Man weiß jedoch heute, dass vor allem Ähnlichkeiten für dauerhafte Beziehungen ausschlaggebend sind. Das bezieht sich weniger auf die Leidenschaften, sondern vor allem auf Erfahrungen, Bildungshintergrund, Ansichten und das Milieu, aus dem wir stammen. Je ähnlicher der andere uns ist, desto verbundener fühlen wir uns ihm. Deshalb ist es ratsam, bei der Freundschaft und Partnerwahl nach uns gleichenden Menschen zu suchen. Weil aber eine hundertprozentige Übereinstimmung weder möglich noch wünschenswert ist, sollte auch die Andersartigkeit anerkannt, ja als Gewinn verbucht werden. Den anderen er beziehungsweise sie selbst sein zu lassen, gehört unverzichtbar zu Liebe und Freundschaft.

Zweiter Seminarabend

Am zweiten Abend des Tornow-Seminars setzt sich Jana wieder neben mich. Sie bedankt sich von ganzem Herzen für die Empfehlungen, die ich ihr damals im Café gegeben hatte. Voller Begeisterung erzählt sie, dass sie in dieser Woche lange mit ihrem Mann gesprochen hat. Er habe dem Seminar anfangs sehr skeptisch gegenübergestanden, doch nun wolle er sie unterstützen, was immer sie für die Zukunft plane. Und ihre Planungen haben tatsächlich bereits Formen angenommen. Nach einer Recherche im Internet kann sich Jana gut vorstellen, fair hergestelltes und schadstofffreies Kinderspielzeug zu verkaufen. Ihre Söhne könnten dafür als Testpersonen fungieren. Dementsprechend klar sehen die Zielbilder aus, die alle Seminarteilnehmer zeichnen sollten. Jana stellt sich als Vertriebsprofi im Businessoutfit dar. Die Aussage lautet: Sie will wieder mehr sein als Frau und Mutter und ihr eigenes Geld verdienen.

> Mir fällt auf, dass von den 20 Teilnehmern des ersten Abends nur noch siebzehn anwesend sind. Eine Dame hat sich entschuldigt und will beim nächsten Termin wieder da sein. Zwei Herren möchten hingegen gar nicht mehr teilnehmen. Einer von beiden hat das nicht begründet, der andere falsche Erwartungen angeführt. Das ist okay, denn die Veranstaltung ist sicher nicht für jede Lebenssituation geeignet. Sie spricht Menschen an, die sich verändern wollen, erfolgshungrig sind, zufriedener werden möchten – und diejenigen, für die der professionelle Kontakt mit anderen im Mittelpunkt steht. Wer also am liebsten im stillen Kämmerlein arbeitet, wird von den Inhalten vielleicht enttäuscht sein. Ich selbst hatte ja bereits

vorher verkauft. Dass mir das grundsätzlich liegt, wusste ich. Was ich nicht wusste, war, warum es trotzdem sowohl im Job als auch privat nicht so recht klappte. Das Seminar half mir, einen klareren Blick zu gewinnen. Die Teilnahme war eine der besten Entscheidungen meines Lebens.

EIN BLICK AUF DIE VORBEREITUNG

Alle Teilnehmer hatten sich am ersten Nachmittag Aufgaben zur Vorbereitung auf den nächsten Seminartag gewidmet. Zunächst sollten sie ihre drei wichtigsten Ziele formulieren und visualisieren. Mehmet Bulut hat Folgendes notiert:

1. *Ich möchte mich selbstständig machen und dabei erfolgreich sein.*
2. *Ich möchte mehr Geld für meine Familie zur Verfügung haben.*
3. *Sollte mein Sohn das Abitur schaffen, möchte ich ihm ein Studium ermöglichen.*

Das Bild, das seine Selbstständigkeit darstellt, zeigt Mehmet im Anzug mit Handy am Ohr vor einem sportlichen Mittelklassewagen. Dafür ist er extra mit seiner Frau in ein Autohaus gefahren und hat sich vor dem Wagen, den er so gerne hätte, fotografieren lassen. Das zweite Bild zeigt einen Südseestrand, davor hat er die Köpfe von sich, seiner Frau, seinem Sohn und seiner zwei Töchter geklebt. „Ich hatte noch nie genügend Geld übrig, um meiner Familie einen großen Urlaub zu ermöglichen. Mit einem höheren Einkommen wird auch das realisierbar sein", kommentiert er. Das dritte Motiv ist ein Foto seines Sohnes. Mit einem Bildbearbeitungsprogramm hat er auf dessen Kopf einen sogenannten Doktorhut montiert.

Der zweite Teil der Hausaufgaben war die Beschäftigung mit der im Seminar besprochenen Formel *E + P + A + K = Ziel* umgesetzt. Auch das hat Mehmet erledigt – und dabei vorbildlich so formuliert, als seien seine Vorhaben bereits Realität. Dies ist wichtig, um den Glauben an die Umsetzbarkeit zu maximieren.

E wie *Erkennen*: *Ich mache mich selbstständig und bin dabei erfolgreich!*

P wie *Planen*: Hier sind 10 Punkte gefordert, die beim Erreichen der persönlichen Ziele helfen. Die Bedeutung nimmt vom ersten bis zum zehnten Punkt ab:

1. *Ich weiß, wie mein zukünftiges Geschäftsmodell aussieht.*
2. *Ich habe eine positive Einstellung und ich glaube an mich.*
3. *Ich habe die richtigen Produkte und Lieferanten.*
4. *Meine Familie und meine Freunde sind von meinem Vorhaben begeistert und unterstützen mich.*
5. *Ich gehe auf andere zu, um mir ein Netzwerk aufzubauen.*
6. *Ich kündige meinem Onkel und wage den Schritt, mein eigener Chef zu sein.*
7. *Ich bekomme Startkapital, vielleicht einen kleinen Kredit von meinem Onkel, einem Investor oder Geschäftspartner.*
8. *Ich habe ein Arbeitszimmer.*
9. *Ich habe ein neues Tablet.*
10. *Ich habe eine Homepage und bin in den sozialen Medien präsent.*

Für K wie *Kontrolle* hat Mehmet sich für die nächsten zwei Jahre Zwischenziele notiert:

- *3 Monate ab heute: Ein Konzept für mein Geschäftsmodell erstellen.*
- *4 Monate ab heute: Anfangen, in Teilzeit zu arbeiten.*
- *6 Monate ab heute: Vollzeit arbeiten.*
- *1 Jahr ab heute: Die ersten 30 Kunden haben.*
- *1½ Jahre ab heute: Ein Netzwerk mit 70 guten Kontakten aufgebaut haben.*
- *2 Jahre ab heute: 200 zufriedene Kunden haben, die immer wieder bei mir kaufen.*

Karsten fragt Mehmet nach seinen Gefühlen beim Aufschreiben all dieser Punkte. Gebe es keine starke emotionale Regung, würden die Pläne höchstwahrscheinlich nicht umgesetzt. Stehe einem dagegen Vorfreude im Gesicht, sei die Chance auf einen Erfolg groß.

Ähnlich sehen die Ergebnisse der anderen Seminarteilnehmer aus. Sie alle werden nun mit einer überraschenden Frage konfrontiert: *Wie wird mein Leben schöner und preiswerter?* Überraschend ist vor allem die Kombination dieser beiden Dinge. Sind „schön" und „preiswert" nicht etwas völlig Verschiedenes, voneinander Unabhängiges, sich eher Widersprechendes? Nein, denn durch erfolgreiches Netzwerken erreicht man tatsächlich beides. Freunde und Bekannte bereichern das Leben in vielerlei Hinsicht: durch gemeinsame Hobbys, gute Gespräche, Rat und Hilfe, Erfahrungsaustausch, das Teilen von Wissen. All dies macht das Leben schöner. Und es macht das Leben auch günstiger. Denn: Je mehr Menschen man kennt, desto mehr Personen kann man um etwas bitten – um einen Tipp, um eine Hilfeleistung oder sogar um ein vergünstigtes Angebot einer bestimmten Ware oder Dienstleistung. Das spart Zeit und Geld.

Ein Basis-Netzwerk hat jeder von uns, nämlich seine Familie, Freunde, Verwandten, Kollegen, die Mitglieder im Sportclub, alte Studienfreunde. Die Kunst ist, diese Kontakte zu pflegen, zu nutzen und sukzessive zu erweitern. Dabei helfen die elf Freunde. Gut die Hälfte dieser „Mannschaft" haben die Seminarteilnehmer bereits kennengelernt, um die restlichen fünf wird es im Folgenden gehen.

DER 7. FREUND: MACHE DICH INTERESSANT

Sich selbst interessant zu machen, das klang damals für mich nach richtig viel Arbeit. Sollte ich den anderen etwas vorspielen, zum Hochstapler werden? Aber so war der 7. Freund nicht gemeint. Vielmehr fordert er uns dazu auf, unser Leben in erster Linie für uns selbst interessanter zu gestalten. Dass wir dann auch für unser Umfeld spannender werden, ist quasi ein Nebeneffekt. Man tut also etwas für sich und betreibt damit gleichzeitig sehr effektives Persönlichkeitsmarketing. Als ich das begriffen hatte, war ich plötzlich voller Energie. Ich nahm wieder am Leben teil, entdeckte alte Leidenschaften und suchte mir neue, freute mich über meine Stärken und Ideen – und darüber, was ich mit beidem erreichen könnte. Meine Tage wurden unterscheidbar, es gab nicht mehr nur immer denselben Trott.

Bei den aktuellen Seminarteilnehmern dominiert noch Unverständnis beim Blick auf den 7. Freund. Um diesem näherzukommen, sollen sie in fünf Punkten ihre besonderen Fähigkeiten oder Erfolge festhalten sowie in ebenfalls fünf Punkten das, was sie im Leben noch vorhaben, bzw. das, was sie sich für die

Zukunft wünschen. Erlaubt sind sowohl „normale" Dinge wie Reiseziele, Hobbys, Weiterbildungen oder eine gute Gesundheit als auch scheinbar völlig Verrücktes.

Jana notiert:

Meine Erfolge: Meine Ehe, meine Kinder, ich bin kreativ und habe gestalterisches Talent, achte im Alltag auf Nachhaltigkeit und Umweltschutz. Ich habe gute mathematische Fähigkeiten, ich habe Freunde und Fans und den Mut, etwas Neues zu wagen.

Ich möchte
- *gesund und fit sein*
- *meinen Kindern ein Vorbild sein*
- *mein eigenes Geld verdienen mit einer Tätigkeit, die mir wirklich Spaß macht und die nützlich ist*
- *mit meinem Mann die Welt umsegeln*
- *Portugiesisch, Spanisch oder Italienisch lernen*
- *alt werden und viele Enkel haben*
- *mir die elf Freunde gut merken und sie im Leben anwenden*

„Ganz gut", sagt Karsten. „Aber warum haben Sie die Wünsche nicht wie vorhin Mehmet so formuliert, als seien sie schon verwirklicht? Das nämlich macht sie viel wirkmächtiger."

Jana nickt und korrigiert sich:
- *Ich bin gesund und fit.*
- *Ich bin meinen Kindern ein Vorbild.*
- *Ich verdiene mein eigenes Geld mit einer Tätigkeit, die mir wirklich Spaß macht und die nützlich ist.*
- *Ich segle mit meinem Mann um die Welt.*

- *Ich lerne Portugiesisch, Spanisch oder Italienisch.*
- *Ich werde alt und habe viele Enkel.*
- *Ich merke mir die elf Freunde gut und wende sie in meinem Leben an.*

Toni hat genau zugehört und – wie die anderen – auch noch schnell umformuliert:

Ich bin stolz auf meine sportlichen Erfolge, meine Disziplin, meine Familie, meinen Kampfgeist und Optimismus.

Für die Zukunft:
- *Ich starte eine zweite Karriere und bin wieder erfolgreich.*
- *Ich mache meiner Frau eine Freude, vielleicht eine Einladung in die Oper.*
- *Ich baue meinem Sohn ein Baumhaus.*
- *Ich spiele wieder mit Freude hobbymäßig Handball.*
- *Ich gehe lockerer durchs Leben.*
- *Ich kaufe mir das neue Handy, das ich schon seit Wochen im Sinn habe.*
- *Ich erwerbe ein Ferienhaus in Südfrankreich.*
- *Ich mache meine Ausbildung zu Ende oder hole das Abitur nach.*
- *Ich habe mehr Zeit für Freunde.*
- *Ich genieße mein Leben viel mehr.*

Gertrud schreibt ebenfalls:
- *Unsere Tochter ist mein ganzer Stolz.*
- *Unser Haus.*
- *Dass ich nun hier sitze.*
- *Ich bin wohl die beste Köchin in unserer Siedlung.*
- *Ich habe schon viele Krisen erlebt und mich nie unterkriegen*

lassen.

Und was kommt noch?
- *Ich tue jeden Tag ganz bewusst etwas für mich.*
- *Ich besuche meine Tochter öfter.*
- *Ich reise noch viel.*
- *Ich greife häufiger als bisher zu einem guten Buch, statt den Fernseher einzuschalten.*
- *Ich kaufe mir ein Tablet.*
- *Ich richte mir eine Seite in einem sozialen Netzwerk ein.*
- *Ich gehe mehr unter Leute.*
- *Ich wage ein neues Hobby.*

Ihr Mann ist zögerlich und macht nur wenige Stichpunkte:
- *Unsere Tochter.*
- *Unser Haus.*
- *Meine Erfahrungen und mein Allgemeinwissen.*
- *Meine handwerkliche Begabung.*

Und in den nächsten Jahren:
- *Ich mache eine große Reise mit dem Wohnmobil.*
- *Ich habe Enkel und sehe diese aufwachsen.*
- *Ich bleibe noch lange gesund und fit.*

Mehmet verbringt mehrere Minuten mit Nachdenken. Dann schreibt er ebenfalls eifrig:
- *Meine Familie.*
- *Dass ich es gewagt habe, nach Deutschland zu kommen.*
- *Dass ich nie meinen Stolz verloren habe.*
- *Dass ich und meine Familie hier Fuß gefasst haben und hier Freunde haben.*
- *Dass ich meine Kinder gut erzogen habe und sie gute*

Schüler sind.
- *Dass ich ein Sprachtalent bin.*

Das werde ich erreichen:
- *Ich bin ein erfolgreicher Geschäftsmann.*
- *Wenn ich das geschafft habe, mache ich eine lange Reise in die Türkei und besuche meine Verwandten.*
- *Ich ermögliche meinen Kindern eine gute Zukunft.*
- *Ich werde gemeinsam mit meiner Frau sehr alt und wir haben eine große Enkelschar.*
- *Ich mache eine Aus- und Weiterbildung zum Handels-fachwirt.*
- *Ich bin der bekannteste Feinkosthändler in der Umgebung.*
- *Ich besitze ein eigenes Haus.*
- *Ich bin glücklich.*
- *Ich fahre ein Auto, das mir richtig gefällt.*

Was all das mit dem 7. Freund zu tun hat? Sehr viel, weil die persönliche Bilanz und die eigenen Träume zur intensiven Beschäftigung mit sich selbst führen. Welche Fähigkeiten habe ich? Was kann ich gut? Worüber erzähle ich gerne? Was will ich vom Leben und von mir? Diese Analyse ist nötig, um den Reichtum der eigenen Persönlichkeit würdigen zu können. Wem das gelingt, der strahlt dies auf andere aus, die ihn dann mindestens genauso interessant finden wie er sich selbst.

Jeder Mensch ist der Regisseur seines eigenen Lebensfilms. Er ist es also auch, der diesem Film seine Spannung, seine Würze, seine Einzigartigkeit gibt. Deshalb lohnt es sich, Mut zu haben. Mut zur Arbeit an den eigenen Zielen, zum Risiko, zur Weiterbildung, zu verrückten Aktionen. Sofern man wirklich dahinter-steht und Leidenschaft im Spiel ist, wird das Leben mit allem

Neuen facettenreicher, also interessanter. Das spürt unser Gegenüber und reagiert entsprechend, was wiederum das eigene Selbstbewusstsein stärkt.

Die von den Teilnehmern erstellten Listen allein bewirken dies allerdings nicht. Vielmehr müssen die einzelnen Punkte der Abteilung „Vorhaben" auch tatsächlich angepackt werden. Die eigene Persönlichkeit wirkt dabei wie ein starker Motor. Deshalb gilt es, sie zu schärfen und ein individuelles Konzept für sich selbst zu entwickeln. Insbesondere im Vertrieb ist die Persönlichkeit das beste Verkaufsargument. Heute mehr denn je, denn in Zeiten des Internetshoppings freuen sich viele Menschen darüber, wenn sie bei einem Kauf wieder einmal ganz persönlichen Kontakt haben und individuell beraten werden.

> Stimmt genau! Ich kenne das aus meiner Berufspraxis. Die zufriedensten Kunden habe ich immer dann, wenn sich das Gespräch zu einer Art Flirt entwickelt. Das funktioniert natürlich nur, wenn das Produkt zur Persönlichkeit passt und man von seinem Angebot überzeugt ist. Ja, das ist der Punkt! Vor meinem Seminar bei Karsten waren mir die Produkte, die ich verkaufen wollte, im Grunde herzlich egal. Jetzt habe ich welche, die mich total begeistern. Kein Wunder also, dass das jeder spürt. Ich strahle die Freude darüber aus, anderen Menschen etwas anbieten zu können, das meiner Ansicht nach sein Geld wert ist und dessen Kauf sie nicht bereuen werden. Meine Kunden vertrauen mir. Sie merken, dass ich ihnen nichts einreden möchte, weil ich das gar nicht zu tun brauche. Ich bin ehrlich überzeugt von meinen Angeboten, und das gebe ich weiter.

Karsten spricht von unserer *Spannungsbilanz*. Die ist umso positiver, je interessanter ich für mich selbst bin und je interessanter ich mein Leben gestalte. Natürlich wirkt sich das direkt auf die *Unterhaltungsbilanz* aus, also darauf, wie unterhaltsam ich für meine Familie, meine Freunde, meine Bekannten und meine Geschäftspartner bin. Sind andere gern in meiner Nähe, reden sie gern mit mir, unternehmen sie freudig etwas mit mir oder langweilen sie sich in meiner Gegenwart und beschränken den Kontakt auf das Nötigste? Kann ich eine positive Unterhaltungsbilanz ziehen, wird auch meine *Attraktivitätsbilanz* positiv ausfallen. Ergo: Interessante Menschen sind unterhaltend und attraktiv!

Beim Begriff „Attraktivität" werden die Seminarteilnehmer sehr aufmerksam. Attraktiv möchte jeder sein, doch was macht attraktiv, also anziehend? Dafür spielt unbestreitbar das Aussehen eine tragende Rolle. Trotz aller Subjektivität werden beispielsweise ausgewogene Proportionen und ein symmetrisches Gesicht als schön empfunden. Die Attraktivität steigern ein herzliches Lächeln, eine offene Art sowie freundliches und kompetentes Auftreten. Dasselbe gilt für Kleidung, die die eigene Persönlichkeit unterstreicht, und ein gepflegtes Äußeres. Warum all das so wichtig ist? Studien belegen, dass attraktive Menschen es leichter haben bei der Stellensuche, und sie bekommen meist mehr Geld. So ermittelte ein Ökonom der Universität Texas, dass gut aussehende Menschen bei gleicher Qualifikation bis zu fünf Prozent mehr als ihre durchschnittlich attraktiven Kollegen verdienen. Und auch das Forschungsinstitut zur Zukunft der Arbeit (IZA) hat in einer Studie zum Thema ermittelt, dass gutes Aussehen den wirtschaftlichen Erfolg steigert und sich damit positiv auf die individuelle Lebenszufriedenheit auswirkt.[2]

---

2   http://www.karriere.de/karriere/
    schoene-menschen-sind-erfolgreicher-165337/

Eine kleine Übung beschließt das Thema „7. Freund". Jeder Teilnehmer bekommt einen Partner zugewiesen, mit dem er sich fünf Minuten lang unterhalten soll. Im Anschluss daran notieren alle, welche fünf Dinge ihren Gesprächspartner spannend, unterhaltsam und attraktiv wirken lassen.

Jana spricht mit Herrn Bayer und schreibt danach:

Herr Bayer ist ein warmherziger Mann, der hier ist, weil seine Frau ihn dazu überredet hat. Nun findet er aber selbst das Seminar sehr interessant und hat sich bereits vorgenommen, das Gelernte in sein Leben zu integrieren. Finde es toll, wie viele Regionen in Deutschland Herr Bayer bereits besucht hat. Bin mir sicher, dass er darüber einen kleinen Reiseführer machen könnte. Und wenn ich demnächst Tipps für meinen Garten brauche, werde ich mich vertrauensvoll an Herrn Bayer wenden. Vor allem seine Spezialkenntnisse über Hochbeete sind wirklich spannend. Außerdem ist er für sein Alter unheimlich modisch gekleidet.

Die Notizen von Herrn Bayer über Jana fallen etwas knapper aus:

Frau Engelbrecht ist sehr nett. Sie hat ein angenehmes Äußeres. Sie weiß, was sie will. Sie macht sich Gedanken um die Zukunft der Erde und möchte kein Plastik kaufen. Sie kann 35 x 45 im Kopf rechnen.

Auch in mein erstes Seminar hat Karsten diese Übung eingebaut. Ich finde sie sehr aufschlussreich. Die Zweiergespräche fördern meist viel Überraschendes zutage. Zum Beispiel haben die meisten Herrn Bayer, der in der Gruppe eher zurückhaltend und fast schon desinteressiert wirkt, nicht als passionierten Reisenden und ebenso leidenschaftlichen Gärtner eingeschätzt. Auch ich war damals sehr erstaunt über so manche Charakterisierungen und Zuschreibungen. Und ich nahm mir fest vor, künftig den Menschen mit viel mehr ehrlichem Interesse entgegenzutreten. Das habe ich auch umgesetzt und es lohnt sich. Ich entdecke in wirklich jedem so viel Interessantes und Liebenswertes. Ich kann von jedem etwas lernen und ich freue mich auch darüber, wie viel Positives die anderen an mir wahrnehmen.

DER 8. FREUND: EHRLICH UND DIREKT SEIN

Neben der Spannungsbilanz ist auch die Authentizität wichtig. Als authentisch wird jemand wahrgenommen, wenn er sich nicht verstellt und keine Rolle spielt, wenn also Sein und Schein übereinstimmen. An der Körpersprache ist dies deutlich ablesbar. Zudem fühlt sich einfach wohl und ist entspannt, wer sich authentisch verhält und authentisch kommuniziert.

Deshalb lautet die Devise: Immer ehrlich und direkt sein! Sowohl zu sich selbst als auch im Umgang mit anderen. Ist man mit etwas nicht einverstanden, sollte man das freundlich und klar ansprechen, statt es zu verdrängen oder in sich hineinzufressen. Unzufriedenheit zu artikulieren, Missverständnisse sofort auszuräumen, bei Unklarheiten nachzufragen – all das wirkt sich positiv auf das seelische Gleichgewicht aus. Und Menschen, die sich im Gleichgewicht befinden, strahlen diese innere Harmonie aus. Andere vertrauen ihnen und öffnen sich leichter als bei Menschen, die sich hinter einer Maske verbergen.

Ehrlich und direkt zu sein, empfiehlt sich selbstredend im privaten Bereich. Es ist aber genauso im beruflichen Sektor wichtig und in diesem ein sehr effektiver Erfolgshelfer. Und seine Wirkung lässt sich sogar potenzieren. Dann nämlich, wenn man sich vor allem mit Menschen umgibt, die ebenfalls ehrlich und direkt sind. Das funktioniert nicht immer, wohl aber im Freundeskreis, denn seine Freunde kann sich jeder selbst aussuchen.

DER 9. FREUND: DANKE UND BITTE

Der 9. Erfolgshelfer heißt *Danke und Bitte*. Was je nach Sichtweise nach bloßer Konvention oder schlicht einer Selbstverständlichkeit klingt, ist es durchaus wert, genauer unter die Lupe genommen zu werden. Unsere Umgangsnormen fordern von uns, Dank auszudrücken, wenn ein anderer etwas für uns getan hat, sowie das Gegenüber um etwas zu bitten, statt dies einfach einzufordern. Oft werden die Worte mehr oder weniger unreflektiert benutzt beziehungsweise lediglich aus Höflichkeit verwendet. Wer sie dagegen ganz bewusst sagt, der spürt ihre tiefe Bedeutung. Vor allem wirklich empfundene Dankbarkeit macht das Leben reicher und leichter.

Um dies für sich selbst zu erfahren, notieren die Seminarteilnehmer fünf Dinge, für die sie dankbar sind.

Jana schreibt:
1. *Mein Mann und meine Kinder.*
2. *Ich bin gesund.*

3. *Uns geht es gut, und wir haben alles, was man zum Leben braucht.*
4. *Ich habe Freunde.*
5. *Ich stehe an einem Wendepunkt und darf neugierig sein, wie es weitergeht.*

Jeder hat sehr schnell seine Liste fertig und alle könnten noch einiges mehr aufzählen. Es ist ja auch das Kleine, Unscheinbare, wenig Spektakuläre, für das wir dankbar sind – wenn wir uns nur einmal klarmachen, was für Geschenke uns jeden Tag angeboten werden. Der Sonnenschein an einem Wintertag etwa, der Kaffee am Morgen, das Lächeln eines geliebten Menschen, ja auch das Dach über dem Kopf, Gesundheit, die Fähigkeit zu träumen. All das macht glücklich und hilft dabei, scheinbare Probleme als spannend zu sehen.

Auch in der Beziehung zu anderen Menschen sind Danke und Bitte wahre Glücksbringer. Ein kleines Präsent oder auch nur eine Nachricht erfreut sowohl den Geber als auch den Empfänger. Und: Weder im Privatleben noch im beruflichen Bereich sollte man sich scheuen, andere um etwas zu bitten. Vielleicht war der Nachbar im letzten Jahr dort im Urlaub, wo man dieses Jahr selbst hinfahren möchte. Er gibt einem dann sicher einen Ausflugstipp. Vielleicht hat der Geschäftspartner einen Kontakt, der für einen selbst wichtig sein könnte. Man kann ihn darum bitten, einem diesen Kontakt vorzustellen. Oder vielleicht hat man einen passionierten Finanzspezialisten im Freundeskreis. Diesen kann man bitten, einen Blick auf die eigenen Finanzen zu werfen. Sowohl Dankbarkeit als auch das Bitten sind Ausdruck der Wertschätzung des anderen – und wer sich wertgeschätzt fühlt, der öffnet sich.

Über diese dem gesunden Menschenverstand einleuchtenden Zusammenhänge hinaus wurde die Empfindung Dankbarkeit auch bereits von Forschern unter die Lupe genommen. Wissenschaftler der University of Indiana untersuchten 43 Personen, die wegen Angstgefühlen oder Depressionen Hilfe benötigten. Alle erhielten die übliche Beratung, doch 22 von ihnen bekamen noch mehr: Sie nahmen an wöchentlichen Sitzungen teil, in denen Dankbarkeit thematisiert wurde, und schrieben sogar Dankesbriefe. Drei Monate später wurde allen Teilnehmern viel Geld von einem reichen Spender in Aussicht gestellt. Dieser verlange keine Gegenleistung, würde sich aber über die Weitergabe eines Teils des Geldes für einen wohltätigen Zweck oder an eine andere Person freuen, so die Forscher. Während dieser Mitteilung wurden Scans der Gehirne der Studienteilnehmer gemacht. Das Ergebnis: Bei denjenigen, denen die Dankbarkeitssitzungen zuteilgeworden waren, wurde eine signifikant stärkere Aktivität in Gehirnbereichen registriert, die mit Dankbarkeit in Zusammenhang gebracht werden. Offenbar ist es also möglich, dass sich Dankbarkeit trainieren lässt – und dies Spuren im Gehirn hinterlässt.[3] Nach weiteren Studien führt Dankbarkeit zu mehr Optimismus und weniger physischen Beschwerden sowie positiven Gemütsregungen und mehr Bereitschaft, andere zu unterstützen.[4]

> Für mich sind Danke und Bitte zu den liebsten Freunden geworden. Ich weiß heute, wie viel es bedeutet, Danke und Bitte sagen zu können. Das nämlich auf authentische Weise zu tun, also ohne sich dazu zwingen zu müssen, gelingt nur demjenigen, der sich selbst positiv gegenübersteht. Und wenn ich gerade mit mir hadere? Dann

---

3   http://www.huffingtonpost.de/2016/01/14/studie-wie-dankbarkeit-das-gehirn-veraendert_n_8960762.html
4   http://www.subwo.de/blog/dankbarkeit

nutze ich die Power von Danke und Bitte, um meine Stimmung ins Positive zu drehen. Ja, das ist tatsächlich ein Automatismus, der funktioniert. Ein Dankeschön löst ein Dankbarkeitsgefühl aus – so wie ein Lächeln fröhlicher macht. Außerdem erfahre ich immer wieder, wie ich die Herzen anderer Menschen öffne, wenn ich mich bei ihnen mit ehrlich gemeinten Worten bedanke. Viele sind davon so überrascht und berührt, dass rasch ein Gespräch entsteht – und daraus wiederum private oder berufliche Verbindungen, die es ohne das kurze, aber berührende Wort „Danke" nie gegeben hätte.

DER 10. FREUND: TOLERANZ

Andere Menschen dürfen, ja sollten sogar sie selbst sein und ihre eigenen Ziele haben. – Im Grunde ist das klar, nur halten wir uns oft im Alltag nicht daran. Da wollen wir, dass unsere Kinder das erreichen, was wir selbst gerne erreicht hätten. Oder wir kritisieren die Lebensweise von Freunden als unsozial, pubertär, zu spießig oder aus welchen Gründen auch immer nicht passend. Das Umfeld, vielleicht gar sich selbst so zu sehen, bindet enorme Energie. Deshalb ist der 10. Freund die Toleranz!

Dieser Erfolgshelfer hat eine Menge mit der Eingangsfrage des Seminars zu tun. *Wie strahle ich?* Wer nur sich selbst sieht, verliert an Strahlkraft. Es fehlen dann der Blick und die Energie für die Mitmenschen. Umgedreht heißt das: Akzeptiere, ja begrüße ich die von den meinen abweichenden Ansichten und Gewohnheiten sowie Blickwinkel, so gewinne ich ein ganz neues Weltbild. Es ist viel differenzierter als das intoleranter Menschen – und damit spannender und lehrreicher. Schließlich sagte bereits Henry Ford: *Es gibt keinen Menschen, von dem ich nicht irgendetwas lernen kann.* Das Motto ist es also, sich für andere zu interessieren, auf diese Weise neue Erkenntnisse zu erlangen und damit neue Freunde und vielleicht auch Fans.

DER 11. FREUND: FEHLER SIND ERLAUBT

Niemand ist perfekt und niemand möchte wirklich mit einem absolut perfekten Menschen befreundet sein oder gar zusammenleben. Es gibt also keinen Grund, sich über Fehler zu ärgern. Diese sind vielmehr unverzichtbar für die eigene Weiterentwicklung. Man wächst an Krisen beziehungsweise deren Bewältigung. Niederlagen und Missgeschicke sollten deshalb nicht nur hingenommen, sondern sogar begrüßt werden.

Wer das verstanden hat, der weiß, warum *Fehler sind erlaubt* zu den elf Erfolgshelfern gehört. Und dies ernst zu nehmen, heißt, Fehler vor anderen zuzugeben und sie nicht unter den Teppich zu kehren oder sich herauszureden. So macht man es seinem Umfeld leichter, ebenfalls die eigenen Fehler einzugestehen. Das trägt zu einem offenen und vertrauensvollen Klima bei – und es eröffnet zudem die Möglichkeit, eine Menge vom Gegenüber zu lernen, was auch Winston Churchill wusste. Ihm wird Folgendes zugeschrieben: *Ein kluger Mann macht nicht alle Fehler selbst. Er gibt auch anderen eine Chance.*

Verwandt mit Fehlern ist die Trauer, denn beispielsweise eine Fehlentscheidung bewirkt oft einen Verlust einer bestimmten Möglichkeit. Dazu kommt unter anderem die Trauer über eine Trennung, eine Krankheit oder den Tod eines nahestehenden Menschen. Bei all diesen Schicksalsschlägen darf der Schmerz nicht unterdrückt werden, denn das macht langfristig krank.[5]

---

5   http://www.fr-online.de/gesundheit/psychologie-verdraengte-gefuehle-machen-krank,3242120,20925354.html

Wer nicht gelitten hat, der hat nicht gelebt, heißt es in einer Redewendung. Das ist sicher sehr zugespitzt ausgedrückt, aber im Kern wahr. Fehler und Verluste sind eine Chance und eine Herausforderung, die es anzunehmen und zu meistern gilt. Jeder kann dadurch stärker werden und vorankommen.[6]

EIN NETZWERK AUFBAUEN

Die elf Freunde sind nun also vorgestellt. Jeder hat damit eine ganze „Fußballmannschaft" an Erfolgshelfern an der Hand, die ihn bei seiner privaten und beruflichen Neuorientierung beziehungsweise Entwicklung unterstützen. Und die kommen ganz entscheidend durch Networking voran, das nächste große Thema im Seminar. Und die Beschäftigung damit beginnt mit einer Erinnerung an die sieben Weltwunder der Antike. Von diesen existieren heute nur noch die Pyramiden von Gizeh, was vor allem an deren Fundament und Bauweise liegt. Was das mit Networking zu tun hat? Eine Menge, denn auch da braucht man eine tragfähige Basis.

EIN FESTES FUNDAMENT

ZIELE (DEFINIEREN)

Beim Networking besteht das stabile Fundament aus den eigenen, klar formulierten Zielen. Diese Ziele bestimmen, ob man sein Netzwerk privat, beruflich oder für beide Bereiche nutzen möchte.

---

6   http://bessergesundleben.com/
    passiert-unserem-gehirn-wenn-wir-leiden/

```
┌─────────────────┐
│                 │
│                 │
│   PRIVATES      │
│   UND/ODER      │
│  GESCHÄFTLICHES │
│   NETZWERK      │
│   (AUFBAUEN)    │
│                 │
└────────┬────────┘
┌────────┴──────────────────────────────┐
│        ZIELE (DEFINIEREN)              │
└───────────────────────────────────────┘
```

In der Versicherungsbranche werden Netzwerke typischerweise privat und geschäftlich verwendet. Auch wenn man Gesundheits-, Pflege-, oder Haushaltsprodukte vertreibt, ist das in der Regel so. Allerdings gibt es auch Menschen, die nur für berufliche Zwecke netzwerken. Wenn sie privat eingeladen sind, wird natürlich auch über die Arbeit gesprochen, aber Familie und Freunde werden als Kunden oder Werber bewusst ausgeklammert. Andererseits ist auch für Personen, die nicht im Vertrieb tätig oder vielleicht gar nicht berufstätig sind, ein Netzwerk immer sinnvoll.

Die große Mehrheit der Seminarteilnehmer strebt ein Netzwerk fürs Privatleben und den Beruf an. Toni ist einer der wenigen, der sein Netzwerk nur beruflich braucht, und Gertrud erzählt, dass sie noch überlegt, vielleicht doch nur für sich privat ein Netzwerk aufzubauen. Ob und wie sie sich etwas dazuverdienen möchte, das will sie bis zum Ende des Seminars offenlassen.

Die Pyramide ist aber noch nicht fertig. Als weitere Säule wird eine mit „Fans und Unterstützer" bezeichnete eingefügt.

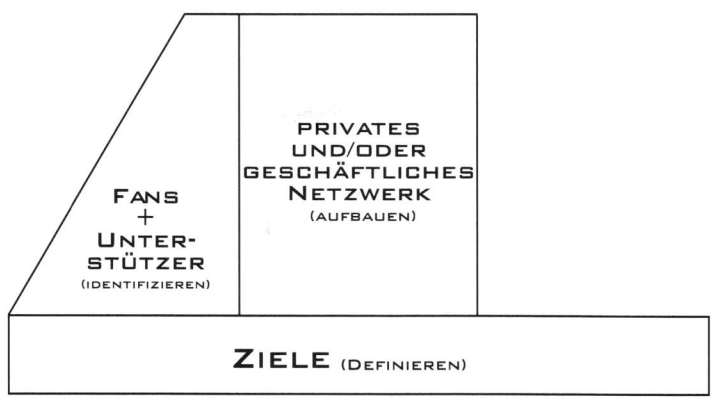

ZIELE (DEFINIEREN)

Die Teilnehmer des Seminars werden gefragt, wie viele Fans und Unterstützer sie bereits haben. Ich hatte damals vor dem ersten Abend überhaupt keine – dachte ich jedenfalls! In Wirklichkeit waren da durchaus Freunde und Mitglieder meiner Familie, auf die ich zählen konnte und die mich weiterempfehlen würden. Das Seminar gab mir das Selbstbewusstsein und die Energie, all diese Menschen anzusprechen und ihnen begeistert von meinen Plänen zu erzählen. Das allerdings kam erst eine Weile später, nachdem ich das für mich passende Produkt gefunden hatte. Logisch, denn erst ab dem Moment wusste ich, für welche Ziele ich Fans gewinnen wollte.

Soll mit einem Produkt oder einer Dienstleistung für Endverbraucher Geld verdient werden, müssen wir uns eingangs fragen, wer die Zielgruppe ist. Wer also gehört zu den potenziellen Kunden und wie lassen sich diese am besten erreichen?

DIE 100x100-REGEL

Fans, Unterstützer und Kunden: In allen Bereichen kommt es auf eine möglichst große Zahl von Menschen an. Wie aber maximiert man diese Zahl? Das ist leichter, als viele annehmen, denn es funktioniert nach der 100x100-Regel: So gut wie jeder kennt mindestens 100 Personen. Macht er diese zu Fans oder zufriedenen Kunden, ist der wichtigste Schritt hin zum Netzwerk getan. Grund: Jeder der 100 Personen kennt in der Regel weitere 100 Personen oder sogar mehr. Wenn er oder sie diesen von den angebotenen Produkten oder Dienstleistungen erzählt, kann dessen Anbieter bereits auf 10.000 Personen direkt oder indirekt zugreifen. Und mit jedem neu geknüpften Kontakt kommen wieder mindestens 100 Personen hinzu. Das heißt: Niemand braucht alle Mitglieder seines Netzwerks unmittelbar zu kontaktieren. Vielmehr wächst es fast von selbst!

Alles, was dafür nötig ist, haben die Seminarteilnehmer bereits kennengelernt. Wer es verinnerlicht, der fokussiert sich auf seine Ziele, strahlt nach innen und nach außen, sagt Danke und Bitte, legt Wert auf Liebe und Freundschaft etc. Damit erzeugt er zufriedene Kunden und kann diese animieren, ihn weiterzuempfehlen. Das spart teure Werbemaßnahmen wie beispielsweise Anzeigen. Zudem braucht er keinen Laden, der Miete kostet, und er kann sich seine Lebenszeit nach den eigenen Wünschen frei einteilen.

Und wenn ein Kunde für eine Empfehlung Geld erhält? Bis zu einer gewissen Größenordnung ist das völlig legitim und in der Regel kann in jeden Produktpreis eine Provision einkalkuliert werden. Man kann aber auch von vornherein andere Gegenleistungen offerieren, die mehr wert sind als Geld. Bietet beispielsweise einer der Kunden ebenfalls Produkte oder Dienstleistungen an, so kann man diese Angebote im eigenen Netzwerk verbreiten.

Netzwerke verwalten

Obwohl die Zahl der rein privaten Freunde meist recht über-
sichtlich ist, muss man schon hier etwa die Geburtstage in einem Kalender festhalten. Noch viel wichtiger ist die Verwaltung
bei einem beruflichen Netzwerk. Jeder einzelne Kontakt sollte
schriftlich festgehalten, kategorisiert und detailliert beschrie-
ben werden. Möglich ist das in einem analogen oder digitalen
Adressbuch, einem E-Mail- oder Tabellenprogramm oder im
Telefonbuch des Handys.

Was ist mit Kategorisieren gemeint? Beispielsweise eine Ein-
ordnung in Gruppen verschiedener Relevanz wie:

A.   sehr wichtig, hilft mir oft
B.   wichtig, hilft meist
C.   hilft mir manchmal
D.   momentan desinteressiert und uninteressant, vielleicht
     später

Unter A fallen die ganz treuen Fans und Unterstützer. Das sind
diejenigen, die bei jeder sich bietenden Gelegenheit eine Empfehlung abgeben und einem stets helfen. Unter B fallen einem
Wohlgesonnene, die relativ häufig zu Empfehlungsgebern werden. Der Gruppe C gehören all jene an, die unregelmäßig zu
Empfehlungs- und Tippgebern werden. Und schließlich D sind
diejenigen, von denen derzeit keine Unterstützung zu erwarten
ist.

Zu den interessanten Zusatzinformationen, die festzuhalten
sind, gehören Geburtsdatum und Berufsstand, Interessen und

Hobbys sowie der Familienstand. Zudem lohnt es sich zu notieren, über welches Thema man beim letzten Telefonat oder persönlichen Treffen mit dem jeweiligen Kontakt gesprochen hat.

IN KONTAKT BLEIBEN

Die Informationen über die Kontakte sind deshalb so wichtig, weil ein Netzwerk einer ständigen Pflege bedarf. Der Aufbau allein reicht nicht. Zum erfolgreichen Netzwerken gehört es, in Verbindung zu bleiben. Das ist besonders bei den Menschen relevant, die nicht aus dem direkten privaten oder beruflichen Umfeld stammen und die man deshalb nur selten sieht. Es empfiehlt sich, ein Kommunikationsraster anzulegen, das die Monate Januar bis Dezember und die Kategorien A bis D umfasst.

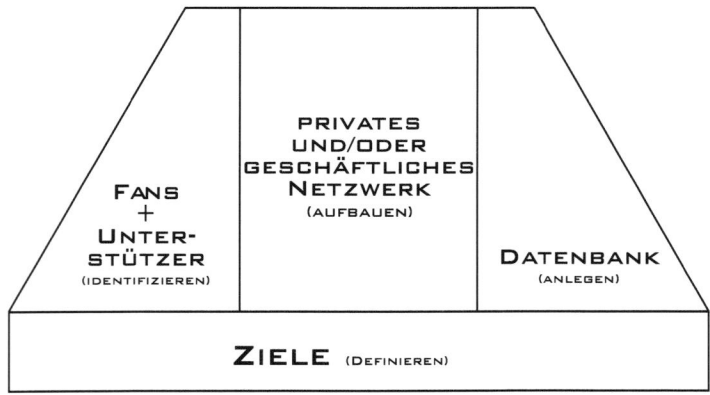

In dieses Kommunikationsraster werden alle Anlässe eingetragen, zu denen man sich bei seinem Kontakt ins Gedächtnis bringen kann. Konkret geht es dabei um die Geburtstage, Firmenjubiläen, Hochzeiten, Taufen oder den Schulanfang der Kinder. Auch sollte man nicht nach Schema F agieren, sondern sich immer wieder neu überlegen, welche spezielle Handlung die Beziehung vertieft. Optionen sind zum Beispiel das Schreiben einer Karte, der Griff zum Telefonhörer, der Versand eines Präsents oder auch ein kurzer Gruß an den Kontakt auf dessen Seiten in den sozialen Medien.

Auch unabhängig von solchen Anlässen kann man die Kommunikation suchen. Beispielsweise dann, wenn man zuletzt über einen bestimmten geschäftlichen Sachverhalt gesprochen hat. Daran lässt sich anknüpfen, indem man sich ein paar Tage später nach der Entwicklung erkundigt. Ebenso freut sich jeder über eine Fürsprache. Wenn Fans gerade umgezogen sind, sich nach einem Sportunfall zu Hause erholen oder einen schwierigen beruflichen Termin hinter sich gebracht haben, hören sie gern eine vertraute Stimme. Menschen möchten „gesehen", möchten mit ihren herausfordernden Erlebnissen wahrgenommen werden!

Als ich das erste Mal von der Verwaltung der Kontakte hörte, kam mir das doch ein wenig übertrieben vor. Schließlich sollte mein berufliches Netzwerk meinen beruflichen Zielen dienen. Ich wollte mit meinen Kunden doch nicht befreundet sein! Das aber ist man tatsächlich bis zu einem gewissen Grad, wenn man stets in erster Linie den Menschen sieht. Dieser Punkt wurde mir so richtig klar, als ich mich selbst als Kunden beobachtete. Wie toll war und ist es, wenn mir der Verkäufer in meiner Lieblingsbäckerei zum Geburtstag gratuliert und ein kostenloses Extrabrötchen einpackt. Ja, es ist so: Wir Menschen sind soziale Wesen und freuen uns über das Interesse anderer an uns und unserem Leben. Deshalb weiß ich mittlerweile, wie wichtig die Kontaktliste inklusive der Zusatzinformationen, der Kategorisierung und des Kommunikationsrasters ist. All das habe ich damals nach dem Seminar als Hausaufgabe angefertigt – und es hat sich gelohnt!

Die Seminarteilnehmer sollen bis zum nächsten Seminarabend eine Kontaktliste anfertigen. Jana hat Bedenken und glaubt nicht, auf 100 Personen oder auch nur 20 wichtige zu kommen. Doch solche Einwände sind in heutiger Zeit stets schnell zu entkräften. Es reicht nämlich, in den sozialen Medien aktiv zu sein, um sehr schnell Kontaktlisten von beeindruckender Länge erstellen zu können. Natürlich sind nicht alle „Freunde" in den sozialen Medien nahe Freunde. Das ist auch nicht nötig. Es handelt sich nämlich zumindest in den meisten Fällen um Menschen, mit denen wir etwas verbinden und über die wir Informationen haben oder abrufen können. Und das reicht für den Aufbau eines Netzwerks.

Weitere ergiebige Quellen für Kontakte sind das eigene Telefon-Adressbuch, der Geburtstagskalender, der Arbeitsplatz und die sozialen Medien. Aber auch die Friseuse oder andere Dienstleister, zu denen wir seit Jahren gehen, ebenso wie die Bekannten aus dem Fitnessstudio gehören ins Netzwerk. Überall dort, wo wir Zeit verbringen, gibt es Möglichkeiten, neue Kontakte zu knüpfen und bestehende enger werden zu lassen. Das aber funktioniert natürlich nur dann, wenn wir mit den anderen reden, nach ihnen fragen und auch von uns erzählen. Wer nicht mit seinen Kontakten über seine Tätigkeit spricht, kann schließlich nicht wissen, ob sich hinter der schüchternen Freundin der Schwester womöglich eine potenzielle Kundin oder Werberin verbirgt. Wichtig sei es, mit Sanftmut vorzugehen und immer authentisch zu bleiben, sagt Karsten Tornow. Das gelinge vor allem dort hervorragend, wo wir uns wohlfühlen, also etwa beim Ausüben einer Passion.

ZEIT- UND GELDEINSATZ ABSTIMMEN

So weit, so gut, denken viele der Seminarteilnehmer. Nur: Wo soll ich die Zeit für den Aufbau und die Pflege von Kontakten hernehmen? Tatsächlich erlegt uns der Faktor Zeit gewisse Grenzen auf. Schließlich hat der Tag nur 24 Stunden und in diese müssen wir viele Dinge hineinpacken. Wir müssen nicht nur arbeiten, essen und schlafen, wir wollen uns auch um die Familie kümmern, einkaufen, Sport treiben, uns entspannen. Es ist daher unabdingbar, sich von vornherein zu überlegen, wie viel Zeit wir ins Netzwerken investieren können und wollen. Denn wenn ein Ziel hoch gesteckt ist, dann aber die nötige Zeit fehlt, führt dies rasch zu Frustration.

Weil es für den Erfolg so entscheidend ist, sollte sich jeder die herausragende Bedeutung des Faktors Zeit klarmachen. Es gilt, die eigenen Ziele mit dem möglichen Zeiteinsatz abzugleichen. Viele Seminarteilnehmer haben diesen Schritt bereits absolviert. Mehmet Bulut etwa will zunächst etwa 30 Prozent seiner für den Beruf reservierten Zeit für den Aufbau seiner Selbstständigkeit verwenden und dafür die Festanstellung auf eine Zweidrittel-Stelle reduzieren. Wenn erste Erfolge gesichert sind, möchte er sich schließlich in Vollzeit seinen Zielen widmen, also seine jetzige Arbeitsstelle kündigen. Er weiß genau, dass der Übergang zum eigenen Business nicht abrupt erfolgen wird.

Zum Abschluss des zweiten Seminarabends gibt es Netzwerken in der Praxis! Die Seminarteilnehmer diskutieren die Themen des Tages – und sie lernen einander besser kennen. Jana erzählt, dass sie an der Mecklenburgischen Seenplatte aufgewachsen ist und schon im Alter von zehn Jahren einen Jüngstensegelschein abgelegt hat. Heute besitzt sie sogar einen Sporthochseeschifferschein, mit dem sie auf allen Weltmeeren unterwegs sein darf. Herr Bayer entpuppt sich als außerordentlich belesen und in Sachen Politik diskutiert er auf hohem Niveau. Jemand offenbart seine Leidenschaft fürs Bergsteigen, ein anderer die für Schach und ein Dritter hat vor einigen Monaten begonnen, einen Roman zu schreiben. Sie alle hören einander zu und es wird ihnen bewusst, dass Networking mehr ist als nur Arbeit. Es macht Freude, dies oder jenes vom Gegenüber zu erfahren und von diesem wiederum Interesse für sich selbst zu spüren.

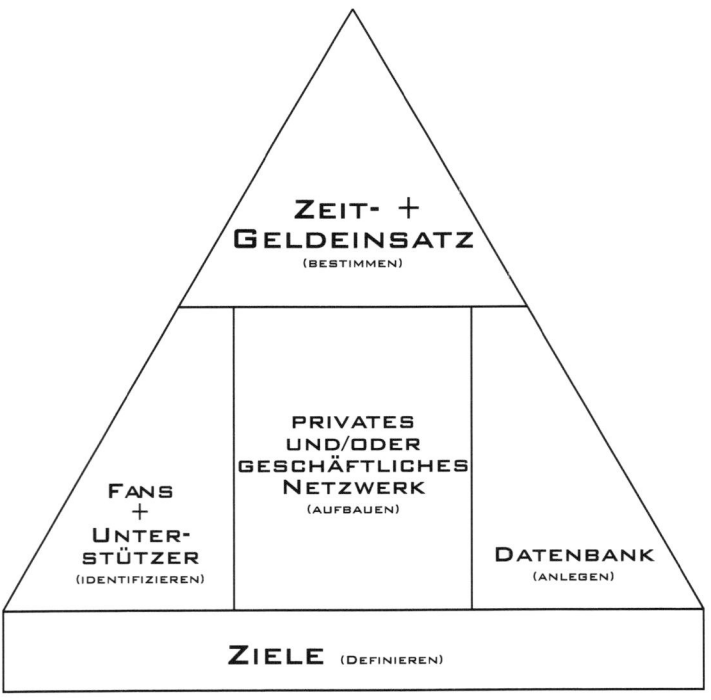

Bevor ich mich an diesem Abend verabschieden wollte, lud mich Mehmet zu sich nach Hause ein. Er fragte konkret, ob ich Samstag Zeit hätte. Er würde Spezialitäten aus seiner Heimat anbieten und ich solle mir so eine Gelegenheit nicht entgehen lassen. Ich sagte spontan zu. – Diese Einladung empfinde ich heute als ein besonderes Vertrauenssignal. Sie ist wie viele spätere ähnliche Erlebnisse eine großartige Bereicherung für mein Leben. Mir geht es gut, und das strahle ich aus. Deshalb sind andere gerne in meiner Gesellschaft. Ich bin wieder erfolgreich, habe mittlerweile sogar zwei Mitarbeiter und in der kommenden Woche steht ein Bewerbungsgespräch für die zweite Bürokraft an. Und Zeit für Passionen habe ich auch wieder beziehungsweise ich nehme mir diese einfach. Im Sommer habe ich meinen Segelschein gemacht. Mit meiner Ex bin ich befreundet. Jetzt verfolge ich das Ziel, mein Leben und das der Menschen, die um mich herum sind, zu gestalten und auch anderen Möglichkeiten aufzuzeigen, selbst ihren Weg zu finden.

Dritter Seminarabend

Der Business Champion

Die Teilnehmerinnen und Teilnehmer kennen nun ihre elf Freunde. Sie haben sich auch schon über ihre eigenen Ziele Gedanken gemacht. Jana und Mehmet, Gertrud und Toni wissen, wo sie hinmöchten, was in den letzten Jahren nicht so gut gelaufen ist, warum das so war und was sich unbedingt ändern sollte. Alles ist gut, und eigentlich könnten wir uns voneinander verabschieden. Doch das sieht Karsten Tornow offenbar anders, denn es gibt einen weiteren Seminarabend.

> Wenn ich zu dessen Beginn so in die Runde schaue, dann weiß ich sofort, warum das so ist. Ich sehe in Augen, die an diesem Tag viel optimistischer strahlen als am ersten Seminarabend. Und doch scheint noch niemand so weit zu sein, dass er einfach durchstarten könnte. Alle warten auf das, woraus Menschen nun einmal am meisten lernen: ein Erfolgsbeispiel. Karsten hat mich dazu auserkoren, dieses zu liefern. Es geht um sein Projekt „Business Champion", das Sport und Wirtschaft auf wirklich geniale Weise verbindet. Nach Abschluss meines ersten Seminars bei Karsten hatte ich das Glück, bei diesem Projekt mitmachen zu dürfen und wesentlich zu dessen Erfolg beizutragen zu können. Ich gehe also nach vorn, fange spontan an zu erzählen und stelle mich als erfolgreichen Menschen vor! Etwas, was mir früher nie in den Sinn gekommen wäre.

Wie ihr alle wisst, habe ich bereits an einem von Karstens Seminaren teilgenommen. Mir ging es dabei ähnlich wie euch. Erst war ich total skeptisch, dann immer begeisterter. Zum zweiten Abend ging ich voller Vorfreude und ich wurde nicht enttäuscht. Danach war mir total klar, was ich wollte. Theoretisch hatte ich auch das gesamte Rüstzeug zusammen, um endlich zu handeln. Leider nur ist der Schritt vom Wissen zum Tun ziemlich groß. Deshalb war es für mich immens wichtig, am dritten Seminarabend ein Beispiel aus der Praxis zu erfahren. Ein Beispiel für die Pyramide, wie Karsten das nannte: die Festlegung der Ziele als Basis, dann die Suche nach Fans und Erfolgshelfern, die Anlage von Datenbanken und damit eines Netzwerks, die Festlegung der Nutzung (privat, geschäftlich oder beides) sowie die Bestimmung von Zeit- und Geldeinsatz. Heute möchte ich euch das Projekt „Business Champion" vorstellen, das gut veranschaulicht, wie sich diese Pyramide tatsächlich aufbauen lässt.

Wie alles begann

Eines Tages stand ich vor einer Glasvitrine in Karstens Büro. Darin befand sich etwas ganz Besonderes, das mich sofort faszinierte: die Schuhe von Boris Becker, die der damals 17-jährige Leimener trug, als er in Wimbledon das wichtigste Tennisturnier der Welt gewann. Neben diesen Schuhen mit Geschichte entdeckte ich die BodyVib-Vibrationshantel, von der mir Karsten begeistert berichtet hatte und an deren Vertrieb er beteiligt ist. Ein topmodernes, innovatives Sportgerät für jedermann mit edlem Design kombiniert mit den alten Schuhen, in denen Tennisgeschichte geschrieben worden war. Für mich zeigte das die ganze Vielfalt der Faszination des Sports – und nicht zuletzt darum sollte es in den nächsten Stunden gehen. Beim Treffen des Beratungsteams zum Business Champion nämlich, zu dem auch ich gehörte, galt ich doch seit dem bei Karsten absolvierten Seminar als Netzwerkexperte.

Karsten hatte dieses Projekt aus der Taufe gehoben, um damit der immensen Bedeutung des Sports Rechnung zu tragen. Welche Bedeutung damit gemeint ist? Wer über längere Zeit ernsthaft und regelmäßig Sport betreibt – ob Laufen, Radfahren, Tennis oder was auch immer –, der wird nicht nur mit physischer Fitness belohnt. Sport macht auch psychisch widerstandsfähiger und fördert Eigenschaften, die zu den wesentlichen Erfolgsfaktoren sowohl beruflich als auch privat gehören. Zum Beispiel sind dies Zielorientierung, Ausdauer, Mut, Disziplin, Ehrgeiz, aber auch Toleranz und Teamgeist. Man lernt im Sport unausweichlich, Niederlagen zu verarbeiten sowie Siege angemessen zu feiern. Zudem erhöht Sport die Lebensqualität, sorgt für Integration, Erziehung und Gesundheit, macht den Sinn von Regeln verständlich. Klar, dass all dies dazu beiträgt, sich im Job besser durchzusetzen und beruflich weiterzuentwickeln.

Doch auch Schicksalsschläge, von denen kaum jemand verschont bleibt, werden von Menschen mit den genannten Eigenschaften besser bewältigt als von anderen. Als Karsten von diesen positiven Wirkungen des Sports sprach, ging ich im Geiste meine Freunde und Bekannten durch. Es heißt ja, sieben Schicksalsschläge erleide man durchschnittlich im Laufe seines Lebens. Ich habe bei niemandem nachgezählt, es könnte aber hinkommen. Da sind der Tod eines geliebten Menschen, die Trennung von nahestehenden Personen, schwere Krankheiten oder Unfälle sowie diverse berufliche Katastrophen und vieles mehr. Wer körperlich und seelisch gestählt ist, dem fällt es vergleichsweise leicht, all das zu verarbeiten.

Teambuilding fürs Projekt

Ich verstand schnell, warum auch zwei Sportler ins Beratungsteam für den Business Champion *geholt worden waren. Karsten hatte dabei nicht nur das Thema im Auge gehabt, sondern auch die Eigenschaften, die Sportler für gewöhnlich mitbringen. Konkret sah das Team so aus:*

- *zwei Journalisten*
- *ein Fernsehreporter*
- *zwei Unternehmer*
- *ein Student*
- *zwei Sportler*

Dazu kamen Karsten Tornow selbst und meine Wenigkeit. Wir arbeiteten mit enormer Kreativität und sehr fokussiert, wobei sich die heterogene Zusammensetzung des Teams als äußerst befruchtend erwies. So wurde in drei Treffen, die jeweils etwa zwei Stunden dauerten, die Networkingpyramide für den Business Champion konkretisiert. Nach und nach wurden die immensen Herausforderungen klar, um es positiv zu formulieren. Das schreckte uns jedoch nicht, und die Erfolge, die sich bei der Umsetzung bald einstellen sollten, sorgten stets zum richtigen Zeitpunkt für neue Motivationsschübe. Genau das passiert, wenn Menschen zusammenkommen und zusammenarbeiten, die von einem gemeinsamen Projekt fasziniert sind, die für die gemeinsame Vision brennen.

Tatsächlich waren wir alle unheimlich inspiriert. Karstens Vision hatte uns elektrisiert. Der Sport, der so vielen so viel gibt, sollte am Erfolg der Wirtschaft partizipieren und gleichzeitig sollten die Wirtschaftsunternehmen ihren Umsatz steigern können.

Eine klassische Win-win-Situation, doch es entstand auch etwas sehr Innovatives, nämlich Sportsponsoring der neuen Generation. Karsten hatte die Idee, beide Seiten voneinander lernen zu lassen. Mit dem Business Champion sollte es möglich werden, sowohl den Spitzensport als auch den Breitensport professionell als Wirtschaftsfaktor zu nutzen. Dafür war neues Denken angesagt, denn wie sagte Carl Josef Neckermann so treffend: „Wer nicht mit der Zeit geht, der geht mit der Zeit." Neues Denken aber erfordert, dass jeder Einzelne seine Perspektiven und Ideen einbringt, wobei stets das große Ganze im Mittelpunkt steht. Dabei kam uns das Verbindende des Sports zugute, das wir im Expertenteam deutlich spürten, obwohl wir nicht zusammen auf dem Platz standen, sondern uns nur theoretisch mit Sport beschäftigten. Schnell knüpften wir persönliche Beziehungen und freuten uns nach jedem Auseinandergehen schon auf das Wiedersehen.

Networkingpyramide in drei Schritten
Doch was haben wir konkret besprochen? Nun, es wurde die Networkingpyramide mit ihren fünf Stufen für den Business Champion in drei Abschnitten erarbeitet:

1. *Formulierung der Vision und Ziele sowie Festlegung der Freunde, Helfer und Fans (Pyramidenstufen eins und zwei)*
2. *Aufbau der Datenbank sowie Entscheidung über die Nutzung (Pyramidenstufen drei und vier)*
3. *Beantwortung der Frage nach Zeit- und Geldeinsatz (Pyramidenstufe fünf)*

Vision und Ziele
Bereits im Begriff „Business Champion" ist die Stoßrichtung enthalten. Es geht um die Verknüpfung von Wirtschaft (Business)

mit dem Sport (Champion). Karsten vertritt die Überzeugung, dass der Sport zum einen die Wirtschaft braucht und zum anderen der Wirtschaft viel bieten kann. Das gilt auf jedem Niveau, also sowohl dem Spitzen- als auch dem Breitensport. Zum Beispiel punkten Unternehmen, die sich fürs Sport-Sponsoring entscheiden, mit ihrem sozialen Engagement. Das führt zu mehr Umsatz – direkt sowie indirekt über ein Plus beim Image. Zudem gewinnen die Firmen nicht nur neue Kunden, sondern haben auch die Möglichkeit, großartige neue Mitarbeiter zu akquirieren oder bereits angestellte Mitarbeiter zu halten. Da ist zum Beispiel der Dachdecker, der einen Verein sponsert. Die Wahrscheinlichkeit ist hoch, dass viele Vereinsmitglieder das Dach ihres Hauses bei eben diesem Unternehmer neu decken lassen.

Die Vision lässt sich daher so auf den Punkt bringen:

Mehr Gewinn für Sport UND Wirtschaft!

Soweit also das übergeordnete Ziel, dem sich alles andere unterordnen sollte. Natürlich war die Vorstellung, sowohl Sportlern und Vereinen als auch den kleinen und großen Unternehmen tatsächlich zählbaren Erfolg zu verschaffen, sehr ambitioniert. Doch die Trauben müssen hoch hängen, damit wir alle Kräfte mobilisieren, um sie zu erreichen. Das hatte ich aus den Seminaren von Karsten Tornow mitgenommen, und die Teilnehmer im letzten Seminar, in dem ich aktiver Zuschauer gewesen war, bestätigten es mir. Zusätzlich zur Vision, die alles überstrahlt, braucht man außerdem viel konkretere Ziele. Ziele, welche die unmittelbare Basis für Maßnahmen bilden. Solche also, die den Weg zwar nicht bestimmen, an denen sich jedoch die Ideen für jeden Schritt bewerten lassen. Nachdem unsere Gruppe nun

also die Vision formuliert hatte, machten wir uns an den zwei-
ten Teil der ersten Pyramidenstufe: das klar definierte Ziel.

Als konkretes Ziel nahmen wir uns vor, innerhalb von 12 Mona-
ten in der Region Leipzig bei rund 1.000 Unternehmen rund eine
Million Euro in Geld und Sachleistungen für die Förderung des
Sports einzusammeln. Das konnten Software für einen Verein,
Autos für die Sportler, Tickets für Reisen zu Sportevents und so
weiter oder Rabatte auf Leistungen der Unternehmen sein. Zu-
sammengefasst wurde dieses Ziel in der Losung „1.000 Firmen
für den Sport und eine Million Euro!" Eine Konkretisierung des
Ziels in Form einer Zahl hat enorme Bedeutung, denn sie macht
alle Anstrengungen beziehungsweise deren Erfolg messbar.
Wir konnten uns so im Verlauf des Projekts immer wieder selbst
überprüfen: Wie weit waren wir bereits gekommen? Hatten wir
erst 100 oder schon 222 Firmen überzeugt? Je größer die Zahl
wurde, die wir eintragen konnten, desto mehr intensivierten
wir unsere Bemühungen, sie noch größer werden zu lassen.

Beim ersten Treffen unserer Projektgruppe war die Zahl na-
türlich noch null. Um uns also so richtig für das zugegebener-
maßen äußerst ambitionierte Vorhaben zu motivieren, kam
Karsten nochmals auf die Parallelen zwischen erfolgreichen
Sportlern und in anderen Bereichen erfolgreichen Menschen zu
sprechen. Etwa auf die Leistungsorientierung! Nicht umsonst
wählten etwa ein Drittel aller Hochleistungssportler nach dem
Karriereende eine Tätigkeit im Vertrieb großer Unternehmen,
sagte Karsten. Vorher wurden sie nach Bruchteilen von Sekun-
den oder Zentimetern gemessen, im Vertrieb zählt der Umsatz
pro Zeit. Diese und andere Gemeinsamkeiten sollten uns klar-
machen, wie nah Sport und Wirtschaft einander sind. Warum
das wichtig ist? Weil es uns in den späteren Gesprächen mit

Unternehmen half, diese für ein Sponsoring zu gewinnen. Unsere Vision und unser Ziel standen sozusagen nicht mehr im luftleeren Raum. Sie ergaben einen Sinn, waren nicht total willkürlich formuliert. Und wieder einmal lernte ich, wie wichtig es war, hundertzehnprozentig hinter einer Sache zu stehen, sich voll mit ihr zu identifizieren, wollte man sie zum Erfolg führen.

Was also befähigt Menschen zu Spitzenleistungen? Sie haben ihr Spielfeld gefunden, tun das, was zu ihren Talenten passt. Der Sprinter nutzt seine besondere Gabe zum Laufen, der Pianist seine Musikalität, der Vertriebler sein außergewöhnliches Kommunikationsvermögen. Siegertypen haben zudem klare Vorstellungen davon, wo sie hinwollen, sie sind mit Leidenschaft und Begeisterung bei der Sache, sie beweisen Ausdauer, sind zu innovativen Veränderungen bereit, entwickeln sich permanent und systematisch weiter, setzen auf Teamspirit und damit auf die Unterstützung anderer und lassen sich von Führungspersönlichkeiten inspirieren. All das gilt im Sport ebenso wie in der Wirtschaft. Und Karsten hat die Liste fortgesetzt. Wer ganz oben steht, ist in der Lage, mit Druck umzugehen, kann Niederlagen konstruktiv verarbeiten und hat den Tunnelblick, sprich die absolute Konzentration auf seine aktuelle Aufgabe. Er denkt sowohl taktisch als auch strategisch, gibt niemals schnell auf, feiert seine Erfolge und sorgt für den Wechsel zwischen Anspannung und Entspannung.

In unserer Projektgruppe war all das versammelt. Beste Voraussetzungen also, um das gemeinsame Projekt zum Erfolg zu führen. Und wir hatten mit diesen Parallelen zwischen Spitzensportlern und den Champions in anderen Bereichen bereits jede Menge Argumente für unser Vorhaben gesammelt. Wir würden damit die Unternehmen überzeugen, etwas für den Sport *und damit für sich selbst zu tun. Wer alles dabei an unserer Seite sein würde, wer uns Input geben oder direkt unterstützen könnte, damit wollten wir uns nun beschäftigen. Das heißt, wir machten uns an die zweite Stufe der Networkingpyramide, die Identifikation der Freunde, Helfer und Fans.*

Freunde, Helfer und Fans
Als Freunde, Helfer und Fans wurden die IHK Leipzig, Unternehmernetzwerke, Olympiateilnehmerinnen und -teilnehmer aus der Region, Prominente aus der Stadt Leipzig und ganz Deutschland sowie vier Praktikanten mit dem Verein Concept-4sport e.V. identifiziert. Gemeinsam mit diesen Unterstützern sollten Vorträge, Podiumsdiskussionen und eine Award-Verleihung veranstaltet werden. Die Auftaktveranstaltung wurde bereits in diesem Stadium des Projektes konkret terminiert und geplant, weil sie eng mit der Gewinnung von Menschen für unser Vorhaben zusammenhing. Auch die Politik zeigte sich sehr interessiert. Bundestagsabgeordnete aus Leipzig würden ihre Netzwerke einbringen und uns Türen öffnen – ebenso die für Sport und Wirtschaft zuständigen Bürgermeister. Wiederum eine Win-win-Situation, denn das Engagement für den Business Champion würde mit positiver Presse belohnt werden, und mehr Erfolg für den Sport in und um Leipzig hieße nichts anderes als effektives Standortmarketing.

Aufbau einer Datenbank
Beschlossen wurde der Aufbau einer Datenbank. Dafür hatten wir alle dem Sport Verbundenen aus der Region sowie rund 80.000 Unternehmen – vom Kleinstbetrieb bis hin zum Großkonzern – im Blick.

Wofür soll die Datenbank genutzt werden?

Die Datenbank sollte ausschließlich geschäftlich, nämlich für das Projekt „Business Champion", genutzt werden. Um das mit maximaler Effizienz tun zu können, wollten wir professionelle Software wie Groupware verwenden.

Zeit- und Geldeinsatz

Geld benötigen wir zur Finanzierung der neunmonatigen hauptberuflichen Arbeit von Karsten Tornows Assistenten. Dazu kommen unbezahlte Praktika und ehrenamtlicher Einsatz. Hauptsächlich wird eine Menge Zeit investiert, denn die Mitglieder unserer Gruppe werden die Ansprechpartner für die Unternehmen sein, die sich fürs Sport-Sponsoring interessieren.

Aktionen im Business-Champion-Jahr

Nach der Festlegung der Eckpunkte, also dem Abarbeiten der fünf Stufen der Networkingpyramide, stürzten wir uns mit Feuereifer auf die Umsetzung der Agenda im Business-Champion-Jahr 2016.

Auf dem Stadtfest zur Feier von 1.000 Jahren Leipzig wollten wir den Sporttag gestalten und unter anderem das weltweit größte leuchtende Herz mit stehenden Menschen bilden. Eine Idee, die sicher große Aufmerksamkeit erregen würde – und genau die brauchten wir, um unser Ziel zu erreichen. 1.000 Firmen, eine Million Euro und der Auftakt verbunden mit 1.000 Jahren Leipzig! Wir waren alle wie elektrisiert und konnten es kaum erwarten, mit unseren Aktionen zu beginnen. Genauso müsse es sein, sagte Karsten. Nur wer mit Enthusiasmus ans Werk geht und daran glaubt, dorthin zu kommen, wo er hinkommen möchte, der wird auch dort landen.

Als weitere Maßnahmen nach dem Sporttag auf dem Stadtfest planten wir ebenso aufmerksamkeitsstarke und die Emotionen ansprechende Aktionen: Regelmäßig sollte der Sportler des Monats gekürt werden – in Kooperation mit den lokalen Medien, mit dem Olympiastützpunkt Leipzig und mit dem Verein Concept4sport. Auch Sportler nicht so publikumswirksamer Sportarten können auf diese Weise mehr in die Öffentlichkeit gerückt und damit ihre Leistungen aufgewertet werden, was sonst in der Regel nur bei Fußballern passiert. Gleichzeitig werden der Olympiastützpunkt und seine wertvolle Arbeit mehr Menschen bekannt gemacht. Sponsoren erhalten die Möglichkeit, sich und ihre Angebote zu präsentieren. Angedacht war, die Wahl zum Sportler des Monats dauerhaft in Leipzig zu etablieren.

Darüber hinaus sollte der Business Champion mit Auftritten bei Veranstaltungen der „Leipziger Köpfe" vorgestellt werden. Treffen des Bundesverbands mittelständische Wirtschaft, der Marketing-Clubs, des Club International und andere boten eine ideale Plattform zur Präsentation unserer Idee. Mittelständische Unternehmen aus Leipzig und der Region gehörten schließlich zu unserer Zielgruppe. Es waren die Unternehmen, die wir in erster Linie als Sponsoren gewinnen wollten – und die Unternehmen, die von dieser Art Unterstützung für den Sport mehr als andere profitieren könnten.

Um die „sportlichste Firma" prämieren zu können, planten wir einen Mehrkampf unter den Unternehmen der Region – mit zum Beispiel einem Beachvolleyball-Turnier, einem Hindernislauf und vielem mehr. Für ein solches Event war ein großes Zuschauerinteresse zu erwarten, das sich sicher durch die Beteiligung prominenter Sportler maximieren ließe. Das wiederum hieße enorme Aufmerksamkeit für unseren Business Champion.

Als weitere Maßnahmen nahmen wir unter anderem einen Auftritt auf dem Olympiaball und die Teilnahme am IHK-Sommerfest in unsere Agenda auf. Die IHK-Zeitungen würden sich für die Präsentation des Business Champion eignen, da hier bereits regelmäßig Seiten dem Sport gewidmet wurden. Zu jedem Sponsor sollte ein Film für einen regionalen Fernsehsender gedreht und ein Radiospot in Zusammenarbeit mit einem lokalen Rundfunksender produziert werden.

Auf dieser Stufe der Vorbereitungen profitierten wir von der zuvor geleisteten Arbeit. So brachten alle in unserem Team ihre bestehenden Kontakte ein. Über die hatten wir uns bei der Suche nach Freunden, Helfern und Fans ja ausführlich Gedanken gemacht – und die Datenbank wuchs und wuchs. Unsere beiden Journalisten und der Fernsehreporter wussten selbstverständlich, welche Medien etwa für die Sponsorenfilme und -spots in Frage kämen – und sie wussten auch, wen konkret wir ansprechen könnten. Die Unternehmer in unserer Arbeitsgruppe waren dafür zuständig, den Weg zur IHK zu ebnen. Auch brachten sie Betriebe ins Spiel, die beim Wettbewerb um die „sportlichste Firma" mitmachen würden. Vorschläge für die Sportler des Monats kamen von den Aktiven unseres Teams. Der Student steuerte seine zahlreichen Freunde in den sozialen Medien bei, die sicher wieder ihre Freunde informieren würden, um so genügend Teilnehmer für das weltweit größte Herz zu „akquirieren".

Und ich? Nun, ich punktete mit dem, was ich in Karstens Seminar gelernt hatte. Der Sonnenstrahleffekt – den hatte ich mir zu eigen gemacht. Ich war in diesem Team zum richtigen Zeitpunkt am richtigen Ort – und stand voll und ganz hinter unserem Projekt. Das löste das innere Strahlen aus, von dem

Karsten so oft gesprochen hatte. Mein Herz und mein Verstand sagten beide deutlich vernehmbar „Ja" dazu, mich für diese Zeit 110-prozentig auf den Business Champion zu konzentrieren. Und damit es vielleicht sogar 120 Prozent würden, rief ich mir noch einmal die elf Freunde ins Gedächtnis. Diese Elf würde meine persönliche Mannschaft hinter dem Team bilden, und mit ihr wollte ich den Business Champion angehen:

*Den 1. Freund, **mein Herz**, hatte ich, wie gesagt, klar auf meiner Seite. Das Bauchgefühl und die Intuition waren dafür, dass ich mich in diesem Projekt engagierte. Beste Voraussetzungen, um mit voller Kraft dabei zu sein. Zudem stand ich auch noch rational dahinter, denn die Argumente für den Business Champion hatten mich voll und ganz überzeugt.*

*Den 2. Freund hatten wir mit **„Ziele definieren und Formel anwenden"** umschrieben. Okay, das Ziel war natürlich mit „1.000 Firmen für den Sport und eine Million Euro" festgelegt. Wie sah es nun mit der Formel aus? Ich erinnerte mich:*

E + P + A + K = Ziel umgesetzt

Das E steht für das Erkennen des Ziels. Geschenkt! Das P meint die Planung, und da waren wir ja bereits sehr weit fortgeschritten. Inklusive der Details wussten wir, was wann zu tun war – und wie jeder aus unserer Gruppe hatte ich bestimmte Jobs übernommen. Karsten hatte das P allerdings präziser gefasst. Er meinte damit das Notieren von zehn Punkten, die bei der Erreichung der Ziele helfen, sowie die Gewichtung dieser Punkte. Auf meine Anregung hin gingen wir unsere Aktionen nochmals durch, wählten die zehn wichtigsten aus und brachten diese in eine Reihenfolge. Natürlich war das mit einigen Diskussionen verbunden, was uns nötigte, alles nochmals zu durchdenken. Das gegenseitige Vortragen von Argumenten schärfte unseren Blick und ließ uns klarer ausmachen, was wirklich wichtig war! Doch zurück zur Formel: A ist die Abkürzung für das Anwenden, das logischerweise direkt nach dem dritten Treffen unserer Projektgruppe beginnen würde. Blieb also noch das K, nämlich die Kontrolle. Diese zu gewährleisten, hatten wir bisher vernachlässigt. Nun definierten wir Zwischenziele wie das Akquirieren von 100 Unternehmen nach vier Monaten. Durch Abgleich der Realität mit diesen Zwischenzielen würde es uns leichterfallen zu erkennen, ob wir eventuelle Korrekturen einzelner Maßnahmen oder auch zusätzliche Aktivitäten ins Auge fassen sollten.

Der 3. Freund ist die Aufforderung, mein **eigener Chef** zu sein. Und das war ich mit dem Projekt Business Champion mehr als je zuvor – zwar eingebunden in ein Team, doch für das hatte ich mich selbst entschieden und ich konnte es jederzeit wieder verlassen. Niemand schrieb mir eine 40-Stunden-Woche vor. Was ich zum großen Ganzen beitragen wollte, das lag allein in meiner Hand. Als ich mir das nochmals bewusst machte, indem ich die elf Freunde durchging, pries ich einmal mehr Tage wie den nach dem ersten Seminarabend, an dem ich mich einen „Boss" in eigener Sache nannte.

Auch der 4., der 5. und der 6. Freund sind Aufforderungen, die ich spätestens seit dem letzten Tag des Seminars mit Karsten sehr ernst nahm: **frisch bleiben**, auf die **Gesundheit** achten, **Liebe und Freundschaften** pflegen. Anders als in meinem früheren Leben war ich sehr aufgeschlossen gegenüber allem Neuen – und das keineswegs nur in der Theorie, sondern ebenso in der Praxis. Ich knüpfte permanent neue Kontakte, informierte mich über aktuelle Trends und war bereit, für mich ungewohnte

Wege zu gehen. Letzteres bewies ich ja gerade mit meinem En-
gagement für den Business Champion. Ich achtete aber auch
darauf, mich gesund zu erhalten, da ohne physische Fitness
keine geistigen Höchstleistungen möglich sind. In puncto Liebe
und Freundschaft war ich gerade eher der Gebende, weil es in
allen Bereichen so gut lief. Ich konnte andere beraten und mit
meinem neuen Optimismus anstecken – und sicherte mir damit
nebenbei dieselbe Unterstützung für den Fall, dass ich diese
irgendwann brauchen würde.

Mit dem 7. Freund, **„Mache dich interessant"**, *hatte ich eben-*
falls keine Schwierigkeiten mehr. Mein Leben gefiel mir, ich
freute mich jeden Morgen auf all das Spannende, das mir die
nächsten 24 Stunden bringen würden. Meine Tage waren – und
sind – voller Abenteuer. Als solche nämlich genieße ich die He-
rausforderungen, die ich annehme und die sich ergeben, wenn
man Chancen wahrnimmt. Und mit solch einer Einstellung fällt
es einem leicht, auch für das Umfeld interessant zu sein. Meine
Nähe wird gesucht, das Persönlichkeitsmarketing funktioniert
ohne Anstrengung.

Die Bitte des 8. Freundes, **ehrlich und direkt** *zu sein, erfüllte*
ich automatisch. Ich war authentisch, seit ich keine Rolle mehr
spielen musste, die mir nicht lag. Meine Körpersprache signali-
sierte, wie sehr ich mich mit dem identifizierte, was ich tat. Ja,
ich fühlte mich rundherum wohl in meiner Haut. Logisch, dass
ich das auch verbal kommunizierte.

Genauso leicht fiel mir das **„Danke und Bitte"**, *der 9. Freund.*
Ich war dankbar für die Wendung in meinem Leben, und das
drückte ich auch immer wieder aus – und es strahlte auf mein
gesamtes Verhalten meinem Umfeld gegenüber aus.

Diesem gegenüber war ich zudem gemäß dem 10. Freund **tolerant** *– oder mehr als das: Ich wollte von anderen lernen, Vorschläge annehmen, meine eigenen Glaubenssätze und Paradigmen hinterfragen. Auf die Zusammenarbeit in unserer Gruppe wirkte sich das sehr positiv aus.*

Das galt auch für den 11. Freund, den ich ebenso beherzigte und der mir „befahl", **Fehler zu erlauben.** *Fehler sind niemals vermeidbar, also sollte man sie nicht nur hinnehmen, sondern sie vielmehr als Aufforderung und Gelegenheit zur Weiterentwicklung begreifen.*

Herausforderungen bewältigen
Nach den drei Treffen hatte sich die Begeisterung für das Projekt – für unser Projekt – weiter verstärkt. In den folgenden Wochen setzten wir unsere Pläne und konkreten Maßnahmen Schritt für Schritt um. Natürlich funktionierte das nicht, ohne dass sich vorhersehbare oder auch nicht zu erwartende Hindernisse auftürmten. So gab es beispielsweise bereits bestehende Strukturen wie den Olympiastützpunkt Leipzig oder das Sportsponsoring der Stadt Leipzig, über das die Mittel des Landes Sachsen verteilt wurden. Zunächst wollten wir, ohne auf diese existierenden Aktivitäten Rücksicht zu nehmen, unser Ding durchziehen. Dabei kalkulierten wir Widerstände von allen möglichen Seiten zu wenig beziehungsweise im Grunde gar nicht ein. Es stellte sich heraus, dass ein anderer Weg der wesentlich intelligentere war. Komprimiert ausgedrückt lautete unser Lerneffekt: Arbeite mit denjenigen zusammen, die sich schon auf ähnlichem Gebiet und mit ähnlichen Zielen engagieren!

Dokumentieren und kommunizieren

Von großer Bedeutung war auch die lückenlose Dokumentation unseres Vorgehens – von den Protokollen der Team-Meetings über die Einladungsschreiben zu den verschiedenen Events bis hin zu den in den Medien erschienenen Berichten. Dafür bestimmten wir ebenso einen Verantwortlichen wie für die Koordination aller einzelnen Schritte. Indem wir alles festhielten, erleichterten wir uns die Erfolgskontrolle und disziplinierten uns selbst. Außerdem gelang es uns so, trotz großer Komplexität die Übersicht zu behalten, und wir schufen die Grundlage dafür, das Modell „Business Champion" später auf andere Städte zu übertragen. Eine solche Ausweitung der anfangs auf Leipzig beschränkten Idee gehörte sehr schnell zu unseren langfristigen Zielen. Zu den vielen Dingen, die ich bereits im ersten Seminar mit Karsten gelernt habe, zählt auch die Strategie der Mehrfachnutzung oder des MU (Multiple Usage). Ein erfolgreich umgesetztes Konzept sollte möglichst nicht nur einmalig, sondern so oft wie möglich Früchte tragen!

Was wir außerdem rasch lernten: Es ist wichtig, Ziele und vor allem auch Erfolge zu kommunizieren. Zum einen erreichten wir so eine Art Selbstverstärkung: Begeisterte Kommentare von Unternehmen, die bereits Sponsor geworden waren, regten andere Firmen dazu an, ebenfalls auf diesen Zug aufzuspringen. Zum anderen motivierten uns eine positive Berichterstattung sowie positives Feedback immer wieder neu, und beides war Anlass, unsere Anstrengungen zu intensivieren.

Das Resultat: Eine Million erreicht

Und wie erfolgreich war nun der Business Champion in Leipzig? – Nach 50 Wochen zogen wir Bilanz. Wir hatten 744 Betriebe als Sport-Sponsoren gewinnen können, also das Ziel „1.000 Firmen für den Sport" nicht erreicht. Dafür war es uns gelungen, die angestrebte Million in Geld- und Sachspenden einzuwerben. Was blieb, war die Erkenntnis: Es gibt Potenzial zur Verbesserung, großartiges Engagement der Unterstützer und neue Herausforderungen. Die Unternehmen, die sich für eine Unterstützung entschieden hatten, setzten durchschnittlich sogar mehr ein, als wir erwartet und kalkuliert hatten. Wir entschlossen uns daher, künftig den Fokus noch mehr aufs Networking und die gezielte Ansprache möglicher Förderer zu legen.

Sport-Sponsoring der neuen Generation
Mich beeindruckte, wie erfolgsorientiert die Arbeit im Team um Karsten ablief. Wir hatten ein intelligentes Sponsoring der neuen Generation realisiert, sprich Networking und Sponsoring effektiv miteinander kombiniert. Die Idee des Business Champion ist leicht ausbaubar, vor allem über die Grenzen der Region Leipzig hinaus. Ausbaubar ist aber auch das Konzept an sich, in Richtung eines zielgruppen- und bedarfsorientierten Sponsorings, das die möglichen Vorteile für das Unternehmen und die Vereine maximiert. Beispielsweise könnte ein Optiker preisreduzierte Sehtests für alle Vereinsmitglieder anbieten, die demnächst ihren Führerschein machen wollen. Er gewinnt damit mit Sicherheit dauerhaft Kunden (nicht nur die Jugendlichen, sondern auch viele Eltern), die Vereinsmitglieder erhalten eine supergünstige Leistung und die Aktion ließe sich öffentlichkeitswirksam in die Medien bringen. Und das, was für die Sehtests bezahlt würde, erhielte der Vermittler des Sponsorings.

Darauf aufbauend könnte ein Empfehlungsmarketing initiiert werden. Vereine, die gute Erfahrungen mit Sport-Sponsoring gemacht haben, werden das jeweilige Unternehmen bei anderen Vereinen anpreisen. Und Unternehmen werden Unternehmen *mit ganz anderen Produkten oder Dienstleistungen von der Idee begeistern. Für diese Art des Sponsorings eignen sich in erster Linie kleine und mittlere Betriebe sowie ebenfalls kleine und mittelgroße Vereine. Die Zahl der Ansprechpartner liegt genauso nahe bei unendlich wie die der Varianten der Unterstützung.*

Um all diese Ideen professionell umsetzen zu können, hat Karsten zusammen mit den ehemaligen Spitzensportlern Katarina Witt und Steffen Freund die Wirtschaft trifft Sport GmbH gegründet. Die beiden waren im Sport außergewöhnlich erfolgreich und sind es auch in der Wirtschaft. Um seine Seminarteilnehmer von ihren Strategien profitieren zu lassen, führt Karsten am dritten Seminarabend mit beiden Stars Interviews. Steffen ist vor Ort, Katarina wird telefonisch zugeschaltet. Die beiden Champions geben Einblicke in ihre persönlichen Erfolgsgeschichten, in denen auch Eigenmarketing und Networking wichtige Rollen spielten und spielen.

KARSTEN TORNOW	KATARINA WITT	STEFFEN FREUND
Autor	Unternehmerin	TV-Experte
Unternehmer	2-fache Olympiasiegerin	Europameister
Geschäftsführer	4-fache Weltmeisterin	Weltpokal- und
Wirtschaft trifft Sport GmbH	6-fache Europameisterin	Champions-League-Sieger

INTERVIEW MIT STEFFEN FREUND

Mit Fleiß und Ehrgeiz ganz nach oben

Der ehemalige Fußballprofi Steffen Freund und Karsten Tornow lernten sich vor ein paar Jahren zufällig während eines Fluges kennen. Inzwischen arbeiten sie bei der Vernetzung von Sport, Wirtschaft und Politik Hand in Hand. Im Interview, das live im Seminar geführt wird, erzählt der Ex-Nationalspieler von seiner Karriere, den Schlüsselfaktoren für Erfolg und dem, was ihm der Sport gegeben hat.

Du hast mit sechs Jahren mit dem Fußballspielen im Verein angefangen. Wolltest du da schon Profi werden?

Steffen: In Ostdeutschland gab es ja gar keine Profifußballer und die Wende war noch nicht abzusehen, als ich mit dem Fußball begann. Aber ganz unabhängig davon hätte ich sicher mit sechs Jahren nicht an eine Profilaufbahn oder gar an das große Geld gedacht. Es war schlicht und einfach der Spaß am Spielen, der mich antrieb. Auf dem Weg zur Schule bin ich täglich am Vereinsgelände vorbeigelaufen, und da wurde mir schnell klar: Dort will ich mitmachen, sobald das möglich sein wird.

War denn Fußball die einzige Alternative in Sachen Sport?

Steffen: Nein, ich war in sportlicher Hinsicht multitalentiert. Zu meiner Zeit kamen in Ostdeutschland Sichtungsbeauftragte, sogenannte Sichter, in die Schulen. Sie beurteilten die körperlichen Voraussetzungen der Kinder und empfahlen den voraussichtlich sportlich Talentierten besonders geeignete Sportarten. Davon profitierten viele, weil es ihnen den Weg zum Erfolg wies. Mir sagten die Sichter, Schwimmen sei für mich ideal. Dafür hätte ich die perfekte Figur. Sie fragten jedoch nicht danach, was ich am liebsten machte, wobei ich den größten Spaß hatte. Das war anfangs neben dem Fußball auch noch die Leichtathletik. Da gab es die Spartakiaden, und mit dreizehn musste ich mich dann entscheiden. Der Fußball aber siegte. Daran hing nun einmal mein Herz und da konnte ich meine Dynamik am besten ausleben.

War es nur der Spaß allein?

Steffen: Die Begeisterung für die Bewegung mit dem Ball war schon riesig. Und ich wusste selbstverständlich schnell, dass ich beim Fußball zu den Besten gehören würde – was wiederum den Spaß an der Sache verstärkte. Schließlich hatte ich von Anfang an den festen Willen, mich permanent zu verbessern. Dazu kamen andere Dinge: Beim Fußball traf ich meine Freunde, und vor allem ist Fußball Teamsport. Das war für mich ein echtes Schlüsselerlebnis. Man merkt rasch, die anderen zu brauchen oder – positiv ausgedrückt – als echte Mannschaft sehr viel erreichen zu können. Zum anderen kann man auch als Einzelner dem Team viel geben, ja durch Spitzenleistungen ein Spiel herumreißen. Diese beiden Komponenten machten und machen Fußball für mich zur idealen Sportart.

Hast du durch den Fußball fürs Leben gelernt?

Steffen: Eine Menge, und das bereits als Kind und Jugendlicher. Ich habe gelernt zu verlieren, also mich durch Niederlagen nicht entmutigen und von meinem Weg abbringen zu lassen. Ich musste Kritik vertragen und annehmen lernen. Kritikfähigkeit und Lernfähigkeit sind ja gekoppelt.

Welche Faktoren waren entscheidend für deine steile Karriere?

Steffen: Das Talent war die Basis. Dazu kamen – wie gesagt – der Ehrgeiz und die Freude an dem, was ich tat. Eine Freude, die niemals gewichen ist. Ich spielte auch hinter dem Haus gegen wesentlich Ältere und konnte durchaus mithalten. Und Wochenende, das hieß für mich: Fußball, Fußball, Fußball. Ich muss wohl diese Spur Verrücktheit besessen haben, mit der man ganz nach oben kommt – und das auch unter nicht optimalen Bedingungen. Vor der Wende 1989 wurden die besten Dreizehnjährigen in die Sportclubs geholt und dort systematisch auf ihre Sportlerkarriere vorbereitet. Mir sagte man mit dreizehn, ich sei nicht gut genug, um in den nächstgelegenen Sportclub aufgenommen zu werden. Bei Ausdauer und

Schnelligkeit war ich top und erzielte Bestwerte. Es haperte an der Technik, insbesondere war mein linker Fuß zu schlecht. Auch später wurde ich nie zum brillanten Techniker, was heute sicher ein Problem wäre, doch zu meiner aktiven Zeit durch Kampfkraft und Willen kompensiert werden konnte.

Welche Beiträge leisteten das Umfeld oder auch der Zufall?

Steffen: Glückliche Umstände spielen immer eine Rolle und man muss sich das richtige Umfeld suchen. Die Umgebung und die Menschen, die einem dabei helfen, sich zu entwickeln und konsequent leistungsorientiert zu arbeiten. Ich fing 1976 bei der BSG Motor-Süd Brandenburg an und ging 1983 zur BSG Stahl Brandenburg. Je nach Größe des Unternehmens boten diese Betriebssportgemeinschaften gute Bedingungen. Hinter der BSG Stahl Brandenburg etwa stand ein Stahlwerk mit rund fünfzehntausend Werktätigen, wie man damals sagte. Zudem liebte der Betriebsleiter Fußball. Dort spielte ich in der Schülermannschaft, was der heutigen C-Jugend entspricht, und durfte das erste Mal aufs Großfeld. Das war natürlich ein Extra-Motivationsschub. Die BSG hatte in den Jahren zuvor stets um den Aufstieg in die Oberliga mitgespielt und kurz vor meinem Wechsel dieses Ziel erreicht. Sie besaß also eine der Top-Mannschaften im Bezirk Potsdam. Ein Glücksfall für mich. Ich konnte mich so mit den Besten messen und war zuversichtlich, irgendwann in den höchsten Ligen dabei zu sein.

Gab es nun den einen Moment, in dem du beschlossen hattest, Profifußballer zu werden?

Steffen: An einen solchen Augenblick kann ich mich nicht erinnern. Es war eine kontinuierliche Entwicklung. Ich spielte in den Auswahlmannschaften und der Spaß am Fußball war weiterhin dominierend, sodass ich niemals Pläne für eine andere berufliche Laufbahn machte.

Und wie sah es mit Rückschritten aus, die dich vom Ziel, Profifußballer zu werden, wieder entfernten?

Steffen: Nun, da war der scheinbare Stillstand, als es für mich bei Stahl Brandenburg nicht weiterging. Ich war das größte Talent, durfte in der Männermannschaft mittrainieren. Doch es dauerte eineinhalb Jahre, bis ich das erste Mal in einem Pflichtspiel der Männer eingesetzt wurde. Diese rund achtzehn Monate waren eine richtig harte Schule. Der Sprung von der A-Jugend in den Männerbereich ist ein gewaltiger. Während man vorher immer mit Gleichaltrigen mit etwa derselben Erfahrung spielt, sind plötzlich viele Mitspieler und Gegner zehn oder fünfzehn Jahre älter. Da will keiner seinen Platz räumen, und entsprechend schwer ist es für die Nachrückenden. Ich war sicher oft zu überheblich, außerdem mehrfach verletzt und kurz vor meinem ersten Pflichtspiel drauf und dran, die nächsttiefere Liga anzupeilen, nur um wieder auf dem Feld stehen zu können. Andere haben diese Alternative gewählt und bei manchen hat es funktioniert. Durchhalten und auf die Chance warten oder einen Schritt zurückgehen und sich wieder hochkämpfen: Beides ist möglich. Die meisten Talente aber scheitern in dieser Phase, geben also ganz auf.

Dann aber kam das erste Pflichtspiel. Was hatte das für eine Bedeutung?

Steffen: Zu diesem ersten Spiel kam es, weil ich eben doch beharrlich geblieben war. Aber ich brauchte auch das berühmte

Quäntchen Glück. Zum Rückrundenstart der Saison 1989/1990 waren alle Verteidiger verletzt und der Trainer hatte gar keine andere Wahl, als mich einzusetzen. Ich konnte sofort überzeugen, war einer der Besten auf dem Platz. Ein unvergessliches Erlebnis, auf höchstem Niveau vor für mich ungewohnt vielen Zuschauern zu bestehen. Klar, ich hatte Angst und es gab einen enormen Druck. Den auszuhalten und nicht zu versagen, das gehört auch zu den Eigenschaften, die einen Gewinnertypen auszeichnen. Mir fiel es relativ leicht, schnell die besondere Situation, die große Herausforderung zu vergessen und einfach das zu tun, was ich am besten konnte und am liebsten tat: Fußball spielen. Insofern ist die Leidenschaft für die Sache mit mentaler Stärke gekoppelt.

Wie ging es nach diesem entscheidenden Spiel weiter?

Steffen: Bei Stahl Brandenburg kam anschließend an mir keiner mehr vorbei. Dafür tat ich alles. Der Club gehörte zu den fünfzig besten Vereinen in ganz Deutschland. So spielte ich bald für die U21-Nationalmannschaft – und das, ohne in einem der Fußball-Clubs mit ihren Nachwuchs-Leistungszentren zu sein. Dann wurden die beiden Top-Ligen im Westen und Osten zusammengeführt. Bei Stahl Brandenburg war den Verantwortlichen schnell klar, dass sie mich nicht würden halten können. Im ersten gesamtdeutschen Fußballjahr spielten Dresden und Rostock in der 1. Bundesliga, beide Vereine wollten mich direkt verpflichten. Quasi über Nacht kam noch der FC Schalke 04 hinzu, wohin ich dann 1991 wechselte und bis 1993 blieb. Weitere Stationen waren Borussia Dortmund und Tottenham Hotspur, die Vereine, mit denen ich zweimal die Deutsche Meisterschaft sowie die Champions League und zusätzlich den League Cup der Premier League gewann.

Hattest du einen Plan für deine Fußballerkarriere?

Steffen: Ja, spätestens zu dem Zeitpunkt, als der Profifußballer schon fast real und mehr als nur ein Traum war. Das erste Pflichtspiel war dieser Punkt. Kein Wendepunkt, sondern so etwas wie der Sprung über das entscheidende Hindernis. Danach hatte ich schon sehr konkrete Pläne: Profi werden, in die höchste Liga kommen, einen Vertrag für eine Mannschaft, die international auf höchstem Niveau spielt, in einer Mannschaft im Ausland auf höchstem Niveau aktiv sein und schließlich die Berufung in die Nationalmannschaft.

All das hast du erreicht. Was war für dich der größte Erfolg als Fußballer?

Steffen: Das Größte war kein einzelnes Ereignis, keiner meiner acht Titel wie der Sieg in der Champions League oder der Gewinn der Europameisterschaft 1996 in England. Es war auch nicht die Aufnahme in die Hall of Fame von Tottenham Hotspurs, eines der traditionsreichsten englischen Clubs, obwohl das für mich eine ganz große Ehre war. Am wichtigsten war mir vielmehr, all die Schritte, die ich mir vorgenommen hatte, tatsächlich gegangen zu sein – und dabei auch Schwierigkeiten wie etwa meine acht Operationen überwunden zu haben. Und ich habe von all den Koryphäen, all den unterschiedlichen Typen, die mir auf dem Platz und außerhalb des Platzes begegnet sind, viel mitgenommen – auch für meine Karriere nach dem Fußball. Ich glaube, dass man nur als Spitzensportler so schnell und so intensiv lernt. Auch deshalb sind ehemalige Sportler für Unternehmen die perfekten Mitarbeiter. Erfolgreiche Sportler tun jeder Firma gut.

Hast du als Profi schon an dein Leben nach der Laufbahn als Aktiver gedacht?

Steffen: Meine Karriereplanung ging nur bis Mitte dreißig. Über das Danach machte ich mir als aktiver Fußballer nie Gedanken. Und das war gut so, weil ich nur dadurch all meine Kraft in den Job als Profispieler stecken konnte. Bis zum letzten Spiel mit Leicester City habe ich meine gesamte Energie in diese Aufgabe investiert. Ich gab immer hundert Prozent, habe mich total auf das Fußballspielen konzentriert. Zugegebenermaßen hat es mir der Erfolg leicht gemacht, mich nicht schon früh damit beschäftigen zu müssen, was ich nach meiner Zeit als Aktiver tun würde, um weiterhin Geld zu verdienen. Das eine bedingt allerdings das andere. Die Fokussierung war meiner Überzeugung nach ein wesentlicher Erfolgsfaktor.

Was passierte nach deinem letzten Spiel?

Steffen: Im ersten Jahr habe ich es genossen, erst einmal zu entspannen und das Erlebte zu verarbeiten. Da war der Stolz darauf, meine Karriere wie geplant durchgezogen zu haben. Ich wusste, dass neben den vielen Höhepunkten die Tiefen unverzichtbar für meine persönliche Entwicklung waren. Neben dieser Reflexion trat ich aber auch schon als TV-Experte auf, insbesondere als ehemaliger Nationalspieler und bei Spielen englischer Mannschaften. Das nutzte ich, um meine kommunikativen Fähigkeiten zu verbessern und Netzwerke aufzubauen.

Führte das zu deiner Karriere als Trainer?

Steffen: Nein, auch zum Trainerjob kam ich über die Begeisterung. In diesem Fall war mein Sohn der Auslöser. Als der mit dem Fußballspielen anfing, ging der Papa selbstverständlich mit und wurde schnell zum Coach. Dass ich anschließend Trainerscheine machte, hatte auch mit meinen Netzwerken zu tun. Kontakte zu besitzen und zu nutzen, das ist sowohl beruflich als auch privat ein Turbo für den Erfolg. Nach meiner Ausbildung zum Fußballlehrer im Mai 2009 holte mich Matthias Sammer zum DFB, wo ich Trainer der U-16- und später der U-17-Nationalmannschaft wurde, die ich mit meinem Trainerstab zur Vize-Europameisterschaft und zum dritten Platz bei der Weltmeisterschaft führte.

Du hast deine Erfahrungen als Spieler und hattest zugleich den Mut, Neues zu wagen. Gilt das auch für deine weiteren beruflichen Stationen?

Steffen: Ja, auch bei der Opteamus GbR verbinde ich das im Sport Gelernte mit etwas ganz Neuem. Mit diesem Unternehmen unterstütze ich Vereine und Verbände dabei, ihre Strukturen effizienter zu nutzen oder zu verbessern. Wenn ein Club nicht gut dasteht, werden ja oft schlicht alle Führungskräfte ausgetauscht. Wir versuchen, einem solchen Kurzschlussverhalten andere, nachhaltigere Strategien entgegenzusetzen. Diese reichen von der intensiven Öffentlichkeitsarbeit und intelligentem Sponsoring bis zur Finanzplanung unter Ausnutzung der neuen digitalen Möglichkeiten. Insgesamt Sport, Wirtschaft und oft auch Politik zu verbinden, ist der Schlüssel zur Verbesserung. Große Konzerne holen sich externe Berater, um ihre Abläufe zu optimieren und sich besser zu positionieren. Daran sollten sich Vereine orientieren.

Wie sehen deine Pläne für deine berufliche Zukunft aus?

Steffen: Die Opteamus GbR steht für Optimierung im Team und gibt mir die Möglichkeit, dem Sport ein wenig von dem zurückgegeben, was er mir geschenkt hat. Außerdem werde ich weiter als TV-Fußballexperte tätig sein, wie aktuell für Eurosport, Sport 1 und RTL Nitro. Mein Ziel ist es, einer der gefragtesten Fachleute in diesem Bereich zu werden. Wie fast immer in meinem Leben verbinde ich damit einen hohen Spaßfaktor mit Arbeit auf höchstem Niveau.

Wir haben vorwiegend über die berufliche Seite deines Lebens gesprochen. Wie stark hängt der Erfolg in diesem Bereich von der Zufriedenheit im Privatleben ab?

Steffen: Ein erfülltes und glückliches Privatleben ist die Basis für beruflichen Erfolg – wobei erneut auch der Umkehrschluss gilt: Wenn ich im Job Erfüllung finde, dann wirkt sich das auch positiv auf meine Beziehungen zu meiner Familie und meinen Freunden aus. All diese Erfolge waren nur gemeinsam mit meiner Ehefrau Ilka möglich. Sie schenkte mir noch dazu drei wundervolle Kinder, die eigentlich die größte Aufgabe im Leben bedeuten.

INTERVIEW MIT KATARINA WITT

Zufall, Wille und gelebte Träume

Katarina Witt ist eine der erfolgreichsten Eiskunstläuferinnen aller Zeiten. Mit Karsten Tornow traf sie erstmals zusammen, als ihr der Business Champion Award verliehen wurde, und er konnte sie für die *Wirtschaft trifft Sport-Idee* gewinnen. Im telefonischen Interview mit ihm erzählt Katarina Witt von ihren Karrieren als Eiskunstläuferin sowie Show-Produzentin, Schauspielerin und Autorin. Damit in eine Linie stellt sie die Gründung ihrer Stiftung, die ihren Namen trägt und seit 2005 fast 250 Projekte für Kinder mit körperlicher Behinderung finanziert und unterstützt hat.

Jeder kennt das Klischee von der Eislaufmutter. Wie bist du zum Eiskunstlauf gekommen?

Katarina: Das war im Grunde ein Zufall. Mein Kindergarten lag in der Nähe einer Eishalle und wir schauten einfach oft zu. Dabei war die Halle eher kalt, neblig und wenig anziehend. Mit Sicherheit hatte ich also nicht das Bild der glitzernden Eisprinzessin im Kopf. Trotzdem bekniete ich meine Eltern förmlich, mich dort anzumelden – bis meine Mama mich eines Tages hinbrachte und ich sofort aufs Eis durfte. Das Training wurde später neben der Schule Teil meines normalen Tagesablaufs. Die wirkliche Leidenschaft für all die Schönheiten dieses Sports entdeckte ich erst später im Teenageralter.

Du warst auf dem Eis schnell erfolgreich?

Katarina: Ja, ich nahm bald an Wettkämpfen teil und habe rasch die anderen hinter mir gelassen. Von Beginn an war ich ein Typ für Wettkämpfe, die ich viel spannender fand als das Training, und der Erfolg hat mich von Anfang an fasziniert. Mich hat also zunächst mehr der Wille gepusht, die Beste sein zu wollen, als eine absolute Fixierung aufs Eiskunstlaufen.

Hattest du damals schon eine Profikarriere im Kopf?

Katarina: Ach was! Meine Motivation war auch nie, berühmt zu werden oder mit dem Eislaufen Geld zu verdienen. Alles, was zählte, war, ganz nach oben zu kommen. Als mich dann meine Trainerin Jutta Müller entdeckte, nachdem ich mit neun bei der Spartakiade gesiegt hatte, wurde mir klar: Ich kann es schaffen! Schließlich sprach Frau Müller, die mich jahrelang betreuen sollte, nur die Besten an, und die Bilanz ihrer Schützlinge war international beeindruckend. Vier Jahre später nahm ich mit dreizehn an meiner ersten Europameisterschaft teil. Was ein Profi ist, begriff ich erst mit der Wendezeit und nachdem ich bereits reichlich Medaillen gesammelt hatte. Dann allerdings war es mein größter Wunsch, eine Profikarriere anzugehen.

Höchstleistung bringen zu wollen war also die treibende Kraft?

Katarina: Das kann man so sagen. Und ich hatte das Glück, tatsächlich so talentiert für den Eiskunstlauf zu sein, dass mein Wille zur Höchstleistung umsetzbar war. Heute bin ich mir bewusst, welch große Rolle Zufall und Glück in meinem Leben spielten. Sie halfen mir dabei, immer meine Träume ausleben zu können. Gerade Athleten und Künstler haben ja häufig große Träume.

Kunst und Athletik – beim Eislaufen verbindet sich beides. War es das, was dich zu diesem Sport hingezogen hat?

Katarina: Ja, absolut, auch wenn ich als Kind und Jugendliche darüber nicht reflektiert habe. Als Eiskunstläuferin muss ich physisch Top-Leistungen bringen, und dennoch soll alles ganz leicht aussehen. Gern wählte ich Musik aus, mit der ich eine Geschichte erzählen konnte. Denn es geht um Sport und Kunst, aber auch um große Emotionen, die sich aufs Publikum übertragen. „Drama auf dem Eis" sozusagen!

Du hast es geschafft, auch nach dem dritten Sturz in Folge zu lächeln …

Katarina: Zum Glück stürzte ich nicht so häufig, wenn es wirklich drauf ankam. Im Wettkampf muss man einen Fehler in Millisekunden abhaken, nur nach vorn schauen und sich konzentrieren, um nicht den gesamten Lauf zu verpatzen. Danach erst folgt die Analyse, die im Sport vergleichsweise einfach ist. Zum Beispiel: Habe ich einen bestimmten Sprung nicht genügend trainiert und was muss ich besser machen? Oder hat die Psyche mir einen Streich gespielt, sodass ich daran arbeiten muss?

Und im „richtigen" Leben?

Katarina: Bei mir waren gerade die Dinge, die nicht so gut gelaufen sind, entscheidend für die Weiterentwicklung. Man nimmt immer etwas mit, auch wenn das manchmal nur im Unterbewusstsein abgespeichert wird. Unabhängig davon ist es eine Kunst, nicht zu hadern und so Kräfte zu vergeuden, sondern nach vorne zu schauen und nach Lösungen zu suchen. Jeder weiß um das Potenzial einer Niederlage, aber nur wenige ergreifen die häufig verborgene Chance. Als Produzentin wollte ich für ein Event einen ganz bestimmten Künstler, der aber zu dem Termin nicht kommen konnte. Das warf mein Konzept kurzfristig über den Haufen, doch am Ende war die Show sogar besser als das verhinderte „Original".

Was hilft dabei, konstruktiv zu sein?

Katarina: Nicht sofort alles auf widrige äußere Umstände zu schieben, sondern erst einmal bei sich selbst zu schauen. In der heutigen Gesellschaft vermisse ich das Zulassen von Fehlern. Die sind ja keine Katastrophen. Oder anders ausgedrückt: Niemals gescheitert zu sein, verleiht einem kein „Gütesiegel". Eher im Gegenteil, denn nur wer nichts wagt, wird nie scheitern, und der Lerneffekt einer Niederlage ist meist größer als der eines Sieges. Sportler können heute verlieren und morgen wieder gewinnen. Comebacks sind an der Tagesordnung. In anderen Berufen wird dagegen oft für lange Zeit abgeschrieben, wer einmal ein Projekt in den Sand gesetzt hat, obwohl dafür kein Grund besteht.

Bei jedem großen Vorhaben ist ein Scheitern möglich. Hast du das zu Beginn deiner Eislaufkarriere einkalkuliert?

Katarina: Ich bin eine, die erst dann eine neue Strategie entwickelt, wenn es sein muss. Diese Einstellung verhindert, sich zu früh mit einem Plan B vom primären Ziel und den aktuellen Aufgaben ablenken zu lassen. In jungen Jahren kam es mir noch viel weniger als heute in den Sinn, auch scheitern zu können. Zudem wurde zu meinen Zeiten in der damaligen DDR die Schule dem Training komplett untergeordnet. Ich konnte mich sozusagen sportlich „austoben" und holte den geforderten

Unterrichtsstoff nach. Statt zehn Jahre Schule wurden es dann eben dreizehn. Heute machen die jungen Leute neben Sport auf hohem Niveau ihr Abitur oder absolvieren gleichzeitig ihr Studium. Sie geraten damit ständig in Konflikte, weil nun einmal der Tag nur vierundzwanzig Stunden hat. Es wäre schon von Vorteil, wenn man sich zuerst ausschließlich auf das Sportliche konzentrieren und anschließend mit derselben Verve die berufliche Entwicklung vorantreiben könnte.

Du hast nie an dir gezweifelt. Ist das ein Grund für deinen unvergleichlichen Erfolg?

Katarina: Ja, auf jeden Fall. Meine Trainerin hat mich hundertmal am Tag kritisiert, doch Kritik habe ich nie als Verurteilung gesehen. Sie war und ist für mich eine Hilfe dabei, ständig und kontinuierlich besser zu werden. Auch bei Rückschlägen war ich stets davon überzeugt, dass ich die Beste in meinem Sport bin und es letztlich alles gut ausgehen wird. Dieser Optimismus speist sich aus dem Selbstbewusstsein, das er zugleich stärkt. Eine positive Rückkopplung! Damit wirkt Optimismus wie ein gutes Karma. Weil ich an mich und auch an mein Glück glaube, agiere ich mit mehr Siegesgewissheit als andere und fällt es mir leichter, meine Leistung abzurufen.

Fleiß ersetzt all das aber nicht?

Katarina: Fleiß ist eine nicht wegzudenkende Grundlage! Trotz Talent, Glück, Zufällen und Optimismus habe ich mir alles hart erarbeitet. Was auch klar ist: Meinem Erfolg im Sport verdanke ich ein großes Polster, und das in mehrfacher Hinsicht. Zu den in Euro zu bemessenden Rücklagen kamen auch sozusagen mentale. Ich musste mir nach dem Abschied vom

Profisport nichts mehr beweisen und konnte dies gerade deshalb mit umso mehr Stolz tun. Mein Name steht mittlerweile in verschiedenen Lexika, was mich irgendwie schmunzeln lässt, aber ebenfalls für ein entsprechendes Selbstwertgefühl sorgt. Außerdem habe ich jede Menge Kontakte und mein Name öffnet mir weiterhin viele Türen. All das vereinfacht es enorm, etwas Neues zu beginnen. Dazu kommen meine Neugier und meine manchmal immer noch kindliche und naive Lust auf Herausforderungen. Ich bin weiterhin mutig genug, Risiken einzugehen. Eigenschaften, die fast alle erfolgreichen Menschen auszeichnen.

Wie sieht es mit Disziplin aus?

Katarina: Die besitze ich im Übermaß. Sie wurde mir genauso wie meine Hochachtung vor Qualität von meinen Eltern und meinem näheren Umfeld anerzogen. Manchmal kann das ein Fluch sein, aber ohne „Gehorsam" sich selbst gegenüber kommt niemand an die Spitze. Weder im Sport noch auf anderen Spielfeldern. Ich stürze mich niemals spontan in ein neues Projekt, sondern bereite alles akribisch vor. Dabei kooperiere ich immer mit starken Partnern. Sich nicht zu überschätzen und auf allen Feldern mit den Besten zusammenzuarbeiten, das wirkt als Erfolgsturbo. Ich wusste immer, dass ich zwar beim Eiskunstlauf für viele Jahre die Beste war, aber auf mir unbekannten Gebieten andere die Nase vorn hatten. Das habe ich stets respektiert!

Du bist zweifache Olympiasiegerin, vierfache Weltmeisterin, sechsfache Europameisterin und achtmalige nationale Meisterin. Wie ist das möglich?

Katarina: Ich habe bis zu sieben Stunden am Tag trainiert und alles dem Leistungssport untergeordnet, auch die Familie und Freunde. Meine Konzentration galt zu mehr als hundert Prozent dem Eiskunstlauf. Heute ist so etwas viel schwieriger. Zu viele glauben, mit eher wenig Talent schnell berühmt zu werden. Gleichzeitig fokussieren sie sich weniger auf ihre Ziele, weil es schon schwerfällt, das Handy einmal wegzulegen. Prominente Sportler zum Beispiel müssen in den sozialen Medien stattfinden, was Zeit und Energie kostet. Manchmal ist weniger interaktive Präsenz wahrscheinlich besser für die Karriere.

Gab es auch Zeiten, in denen du keine Lust aufs Eis hattest?

Katarina: Natürlich. Etwa im Hochsommer, wenn die ganze Welt Urlaub machte und unsereins in die Eishalle stapfte oder in der Mittagshitze joggen musste! Es waren aber eher kürzere Momente als längere Phasen. Auch beispielsweise, wenn ein Dreifach-Sprung einfach nicht klappen wollte. Die Leistungskurve ist eben keine nach oben aufsteigende Gerade und sie verläuft auch nie waagerecht. Sich das bewusst zu machen, trägt einen über die Tiefs hinweg. Mir fiel das vergleichsweise leicht, weil ich im Eiskunstlauf-Sport das gefunden hatte, was ich unbedingt ausleben wollte. Aufzugeben war nie eine Option.

Warum hast du nach deiner Rekord-Siegesserie in den 1980er Jahren als Eiskunstläuferin aufgehört?

Katarina: Da hatte ich alles und noch mehr erreicht, was in meinem Sport zu erreichen ist. Die Pflicht war damit sozusagen vorüber und es folgte, was mir schon immer mehr gelegen hatte, die Kür: eigene Eislauf-Shows zu kreieren und zu produzieren, in Filmen mitzuspielen, eine Schmuckkollektion herauszugeben oder meine Arbeit als Kuratoriumsvorsitzende bei der Olympia-Bewerbung Münchens 2018 mit großer Verantwortung auszuüben und noch so vieles mehr. Meine Motivation war, auch in all diesen Jobs Außergewöhnliches zu schaffen. Dafür entwickelte ich eigene Bühnen, denn nur so konnte ich meine Vorstellungen verwirklichen. Bei alldem profitierte ich von der im Sport erprobten mentalen Stärke, von meinen Erfahrungen im Marketing, von meiner Publicity und natürlich von meinen leidenschaftlichen Mitstreitern.

Was rätst du Menschen, die einen Neuanfang wagen wollen?

Katarina: Ihn zu wagen! Klingt banal, ist es aber nicht. Zu handeln ist entscheidend. Damit will ich allerdings nicht sagen, dass alle Wünsche erfüllbar sind. Man sollte in sich hineinhorchen und realistisch bleiben. Träume können beflügeln, aber auch zum Bau von Wolkenkuckucksheimen verführen. Man braucht Menschen, die einen wieder auf den Boden zurückholen und die einem ehrlich die eigenen Grenzen aufzeigen. Offenheit und Querdenken führen weiter, wenn man dabei nicht aus den Augen verliert, worauf sich aufbauen lässt. Für manches ist der Zug in einem gewissen Alter abgefahren, für anderes gab es überhaupt nie einen, in den man hätte einsteigen können. Doch es bleiben genügend Möglichkeiten. Für jeden von uns.

Und was ist mit der Angst vor dem Misslingen?

Katarina: Angst ist immer ein schlechter Ratgeber. Wir hatten bereits über Niederlagen gesprochen. Sie gehören zum Leben, haben positive Seiten und bedeuten nicht den Weltuntergang.

Schwieriger zu akzeptieren ist für viele das Risiko, für eine nebulöse Zukunft die halbwegs sichere Gegenwart zu opfern. Sie klammern sich an das, was sie haben, und schrecken vor dem Unbekannten zurück. Es ist nicht zu leugnen: Wer etwas Neues will, der muss Altes zurücklassen und aufgeben. Und das ohne jede Garantie, am Ende dort zu landen, wo er hinmöchte. Eine Katastrophe? Nein. Vielleicht entdeckt er unterwegs Abzweigungen, die er nie gefunden hätte, wäre er nicht irgendwann einfach losgegangen.

Es gibt viele Fotos, auf denen du strahlst. Welche Bedeutung hat Lachen für dich?

Katarina: Ich bin ein grundsätzlich fröhlicher und optimistischer Typ und lache einfach gern. Es reicht, dass ich mir ab und zu vor Augen führe, wie erfüllt mein Leben ist. Da waren und sind meine vielen Berufe, die zahlreichen wunderbaren Menschen in meinem Umfeld. Dafür bin ich sehr dankbar und ich fühle eine Verpflichtung, von dem, was ich bekommen habe, etwas zurückzugeben.

„So viel Leben" ist also nicht von ungefähr der Titel deines Bildbandes, der 2015 erschienen ist?

Katarina: Noch nicht einmal dort hat alles hineingepasst, was ich erleben durfte, und ich bin sehr gespannt darauf, was die nächsten Jahrzehnte bringen werden.

Du hast die vielen Menschen angesprochen, die dazu beigetragen haben, dein Leben zu einem so reichen Leben zu machen. Welche Rolle spielen für dich Netzwerke?

Katarina: Früher habe ich meine großen Netzwerke viel zu wenig genutzt. Das ist heute anders. Ich habe auch in dieser Hinsicht dazugelernt. Ich mag aber weiterhin nicht so denken, dass ich einer Leistung stets eine Gegenleistung gegenüberstelle. Die Waage senkt sich wie in jeder Beziehung mal eher auf der einen Seite ab und dann wieder auf der anderen. Bei mir passiert das Networking quasi nebenbei. Ich lerne gerne Menschen kennen und brauche die Kompetenz anderer, um meinen hohen Ansprüchen an die Exzellenz meiner Arbeit gerecht zu werden.

Was ist noch wichtiger als Netzwerke?

Katarina: Das eigene Leben so zu führen, dass man nicht am beruflichen Erfolg oder Misserfolg gemessen wird, sondern an dem, was man wahrhaftig ausstrahlt. Und zu begreifen, dass man sein Glück selbst gestalten muss!

INDIVIDUELLE STRATEGIEGESPRÄCHE

Businesspläne konkret

Mit den drei Abenden ist das Seminar zum Sonnenstrahleffekt noch längst nicht abgeschlossen.

> Ich erinnere mich sehr genau an das Gespräch, das Karsten damals bei meiner ersten Teilnahme am Schluss mit mir führte. Zusammen entwickelten wir einen exakt auf mich zugeschnittenen Businessplan – für mich mehr als die halbe Miete hin zu meinem neuen Leben.

Solche Gespräche gibt es nun auch mit allen aktuellen Seminarteilnehmern. Bei einigen davon darf ich dabei sein und es fasziniert mich immer wieder aufs Neue, wie einfühlsam Karsten auf jeden Einzelnen eingeht.

Um vom Beispiel des Business Champion am dritten Seminarabend wieder zur jeweils ganz persönlichen Lebensgeschichte überzuleiten, stellt Karsten zunächst zehn Fragen:

1. Auf welche Dinge in Ihrem Leben sind Sie besonders stolz?
2. Was trägt vor allem zu Ihrem Glück bei?
3. Mit was für Menschen verbringen Sie gerne Zeit?
4. Was tun Sie am allerliebsten?
5. Welchen Herausforderungen sehen Sie sich in der nahen Zukunft gegenüber?
6. In welchen Situationen haben Sie viel Mut bewiesen?
7. Für was sind Sie dankbar?
8. Was begeistert Sie?

9. Für was würden Sie gerne andere Menschen begeistern?
10. Was sind Ihre konkreten Ziele?

Karsten fragt nicht danach, welche Probleme sein Gegenüber hat. Er fragt nicht nach Niederlagen, nach Enttäuschungen oder nach Ängsten. Alle Fragen zielen auf positive Dinge, und das natürlich aus guten Gründen: Wer sich negative Gedanken macht, der gerät in eine negative Gefühlslage und der erhöht die Wahrscheinlichkeit, überwiegend Negatives wahrzunehmen. Wer dagegen in erster Linie daran denkt, wie gesund er ist, was für eine fantastische Familie, was für nette Freunde und welch spannende Aufgaben er hat, der fühlt sich wohl, geborgen und gebraucht. Positives Denken zwangsweise? Nein, überhaupt nicht. Wir alle nehmen nur das Positive in uns und um uns herum häufig zu wenig wahr. Es hilft daher, sich die vielen Pluspunkte ins Bewusstsein zu rufen. Wer das beherzigt, merkt schnell: Wir haben es zum größten Teil selbst in der Hand, wie wir uns fühlen!

Ebenso wichtig wie die Einstellung ist der echte Wille zu handeln, etwas zu verändern, eigene Ziele zu erreichen. Dafür reicht es nicht, lediglich eine Vorstellung davon zu haben, wo man hinmöchte. Zum einen braucht man absolute Klarheit über die Dinge, die man erreichen möchte. Zum anderen ist noch mehr nötig: die Überzeugung von der eigenen Kompetenz und der Glaube daran, alle Voraussetzungen zum Agieren zu besitzen. Es geht also letzten Endes um einen Cocktail aus verschiedenen Zutaten: Zielklarheit, Wissen um die persönlichen Stärken und Schwächen, Wille zum Handeln – und eben Begeisterung, eine konstruktive Haltung, Fokussierung auf das Positive und die Chancen. Ist dieser Cocktail gemixt, steht einer Neuorientierung nichts mehr im Wege. Er ist deshalb in den

Gesprächen mit den Seminarteilnehmern ebenso Thema wie deren konkrete Pläne für ihre Zukunft.

Toni Mertensberg:
Als Finanzdienstleister Karriere machen

Das erste individuelle Gespräch hat Karsten mit Toni Mertensberg, dem ehemaligen Profi-Handballer. Der weiß, wie sich Erfolg anfühlt, denn in seinem Sport hat er einige Triumphe feiern können. Aus dieser Zeit sind ihm Selbstbewusstsein, ein sicheres Auftreten, ja Charisma geblieben. Er ist sehr ehrgeizig und möchte endlich seine Stärken auch in einem anderen Bereich einsetzen. Dazu zählt er Disziplin, Kampfgeist und Optimismus. Toni sprach am ersten Seminarabend allerdings auch von seinen Schwächen. Er sei beispielsweise oft ungeduldig und verbissen.

Neben dem Beruflichen hat auch ein erfülltes Privatleben für Toni eine große Bedeutung. Er möchte seiner Frau öfter eine Freude machen können, mit seinem Sohn Zeit verbringen, vielleicht in zehn Jahren ein Ferienhaus in Südfrankreich für die Familie kaufen. Sobald geschäftlich wieder die Richtung stimmt, will er zudem mit Spaß hobbymäßig Handball spielen – und lockerer durchs Leben gehen, einfach jeden Tag genießen. Das Abitur nachzuholen oder eine Ausbildung zu machen, wären ebenfalls Optionen. Es muss allerdings kein formaler Abschluss sein, sofern er nur mit ganzem Herzen hinter der Sache stehen kann – und natürlich genügend Geld verdient.

Toni ist sehr zufrieden mit dem, was er in jungen Jahren erreicht hat. Es genügt ihm jedoch nicht mehr, sich lediglich über Vergangenes zu freuen. Was die Zukunft angeht, ist sich der immer noch sehr athletische 30-Jährige über die Grundausrichtung im Klaren: Es sollte etwas mit Vertrieb zu tun haben, wobei er Menschen ehrlich und fair beraten und ihnen nur Dinge verkaufen will, von denen er selbst begeistert ist. Moderne Technik, etwa Computerprogramme, sind für Toni kein Schreckgespenst. Sie wären vielmehr eine wertvolle Unterstützung seiner Arbeit. Und er möchte nicht nur ein bisschen Geld verdienen, sondern eine echte zweite Karriere starten. Karsten bittet Toni, die zehn Fragen zu beantworten:

1. *Auf welche Dinge in Ihrem Leben sind Sie besonders stolz?*
   Das seien natürlich seine Erfolge als Profi-Handballer, sagt Toni. Dafür habe er hart trainiert und als Jugendlicher auf so manches verzichtet. Dass er sich trotz harter Konkurrenz durchsetzen konnte, beweist ihm, wie sehr es auf den Willen ankommt, wirklich etwas zu erreichen.

2. *Was trägt vor allem zu Ihrem Glück bei?*
   In erster Linie ist das für Toni seine Familie. Er hat es geschafft, trotz starker beruflicher Belastung stets genügend Freiraum für das Leben mit seiner Frau und seinem Sohn zu schaffen. Die Kombination von Erfolg im Job und „Erfolg" privat sieht Toni auch künftig als unverzichtbar an. Außerdem möchte er seine Freundschaften pflegen, weil auch die zu seinem Glück beitragen. Sollte er in einem kurzen Satz zusammenfassen, was dieser Begriff überhaupt bedeutet, dann hieße der: „Jeden Morgen mit einem Lachen im Gesicht aufstehen und sich auf den Tag freuen."

3. *Mit was für Menschen verbringen Sie gerne Zeit?*
   Seine Frau, die er schon seit der Schule kennt, sein Sohn, seine engsten Freunde – das sind die Menschen, die für Toni Vorrang vor allem anderen haben. Er ist

aber auch der Typ, der gerne neue Leute kennenlernt. Dabei liebt er den lockeren Small Talk. Zeit, um sich zurückzuziehen, braucht der kommunikative Mertensberg eher selten.

4. *Was tun Sie am allerliebsten?*

Da gibt es eine ganze Menge. Die Abende am Familientisch gehören dazu, der Radausflug mit dem besten Freund. Zudem – und das habe er erst in den letzten Jahren gemerkt – lernt Toni gerne Neues. Während der Schulzeit sei das anders gewesen. Schließlich hatte er da nur Handball im Kopf. Aber jetzt kann er sich regelrecht dafür begeistern, sein Wissen zu erweitern. Ja, er hat sich sogar die Schulmathematik wieder vorgenommen, um seinem Sohn bei den Hausaufgaben helfen zu können.

5. *Welchen Herausforderungen sehen Sie sich in der nahen Zukunft gegenüber?*

Selbstverständlich sei das seine berufliche Zukunft, betont Toni. Oder konkreter: das für ihn richtige Feld zu entdecken. Wenn er sich erst einmal für einen bestimmten Job entschieden habe, dann sei er hundertprozentig mit all seiner Kraft dabei, ist Toni überzeugt. Das habe ihm nicht zuletzt das Seminar mit Karsten bewiesen, ebenso wie seine Karriere als Handballer. An Ausdauer und der Fähigkeit, sich durchzubeißen, mangele es ihm sicher nicht.

6. *In welchen Situationen haben Sie viel Mut bewiesen?*

Toni erinnert sich an viele Momente in seiner Zeit als Profisportler. Im Handball gebe es Spielsituationen, in denen man seinen ganzen Mut zusammennehmen müsse, um ein Spiel zu entscheiden. Das sei ihm mehrmals gelungen.

7. *Für was sind Sie dankbar?*

   Dass er als Sportler sehr weit herumgekommen sei, erfülle ihn mit Dankbarkeit, sagt Toni. Auch sieht er den sicher harten Spitzensport als ideale Möglichkeit zur persönlichen Weiterentwicklung. Die habe er genutzt und sich damit eine gute Ausgangsposition für Erfolge in völlig unterschiedlichen Bereichen geschaffen. Toni vergisst außerdem nie, wie wichtig körperliche Gesundheit ist. Im Sport sei man davon total abhängig. Er selbst hat sich nie wirklich schwer verletzt, wofür er sehr dankbar ist.

8. *Was begeistert Sie?*

   Wieder für etwas Feuer und Flamme zu sein, das würde Toni am meisten begeistern. Mit dem Seminar bei Karsten habe er den Anfang gemacht, und jetzt sei er sehr gespannt, was dieses persönliche Coaching bringen wird.

9. *Für was würden Sie gerne andere Menschen begeistern?*

   Anfangs hatte Toni darüber nachgedacht, vielleicht in den Sportbereich zu gehen. Warum nicht als Handballtrainer seine Leidenschaft für diesen Sport an andere weitergeben? Aber es dauert ihm einfach zu lang, bis er damit genügend Geld verdienen würde. Zudem ist er ein sehr neugieriger Mensch, und deshalb möchte er nach den vielen Jahren im Sport nun etwas anderes erleben. Menschen von etwas zu überzeugen, das sei dennoch weiterhin sein Ziel. Vielleicht könnte es mit Familie und vielleicht auch ein wenig mit Mathematik zu tun haben. Das wäre seine Wunschvorstellung.

10. *Was sind Ihre konkreten Ziele?*

In zwei Jahren will Toni von seinem neuen Job leben können. Bis dahin reichen seine Reserven, denn er hat als Handballer nicht schlecht verdient – und er hat sein Geld geschickt angelegt und investiert. Danach sollte das Einkommen aber schon sukzessive wachsen. „Klar, das Finanzielle ist nicht alles", sagt Toni. „Doch wenn ich mich hundertprozentig engagiere und all meine Kraft einsetze, will ich auch entsprechende Resultate auf meinem Bankkonto sehen."

Die Idee: Beratung bei Finanzprodukten aus einer Hand

Geld ist offenbar für Toni nicht nur als Mittel zum Zweck wichtig. Er hat einen Bezug zu Zahlen, kann mit komplexen Formeln umgehen und hat auch schon für den eigenen Bedarf sein Talent bei Investitionen bewiesen. Karsten schlägt ihm deshalb vor, sich als Finanzdienstleister selbstständig zu machen. Dank seiner fast beendeten Ausbildung zum Bankkaufmann hat er dafür bereits eine solide Wissensgrundlage. Dennoch sind einige Abschlüsse im Finanzsektor obligatorisch. Weil Toni noch Rücklagen besitzt, sollte er einige Zeit ohne Einkommen überbrücken können.

Karstens Idee kommt bei Toni sofort gut an. Ja, das wäre perfekt, sagt er. Zum einen traut er sich diesen Job zu, zum anderen lässt sich damit sicher genügend verdienen. Darüber hinaus wird es ihm Spaß machen, seine vorhandenen Kenntnisse zu vertiefen. Und dann hat die Finanzberatung auch noch eine Menge mit

Menschen und mit Kommunikation zu tun. Toni wundert sich, dass er nicht selbst auf diesen Weg gekommen ist. Aber das sei nun egal. Die Hauptsache ist für ihn: Jetzt möglichst schnell die ersten Schritte machen!

Karsten und Toni beschäftigen sich daher abschließend mit der Networkingpyramide für den neuen Job:

Vision und Ziele
Toni hat die Vision, in fünf Jahren als Finanzdienstleister so viel Gewinn zu machen, dass sich seine Träume – wie der vom Haus in Frankreich – leicht erfüllen lassen. Er will zudem Summen festlegen, die er nach drei und vier Jahren verdient haben muss, um sich so selbst zu disziplinieren. Als konkretes erstes Ziel nimmt er sich die beabsichtigten Abschlüsse im Finanzbereich innerhalb von zwei Jahren vor.

Festlegung der Freunde, Helfer und Fans
Toni hat einen Freund, den er bereits seit der gemeinsamen Schulzeit kennt. Der arbeitet als Finanzdienstleister und kann ihm sicher wertvolle Tipps geben – beispielsweise welcher Anbieter sich am besten für die Ausbildung eignet. Da der Freund Hunderte von Kilometern entfernt wohnt, wird sich keine Konkurrenzsituation ergeben. Zu den ersten Kunden werden viele ehemalige Mitspieler aus Tonis Handballmannschaften gehören. Die haben durchaus Geld, aber auch Bedarf an Absicherung, denn selbst als sehr erfolgreicher Profisportler hat man nicht bis an sein Lebensende finanziell ausgesorgt. Als weitere Unterstützer identifiziert Toni seinen Freundeskreis sowie seine Frau, mit der er gerne das Geschäft zusammen aufbauen würde.

Aufbau der Datenbank

Tonis Kontakte in der Handballszene sowie seine Freunde sollen die Basis für eine große Datenbank bilden. Diese dürfte schnell wachsen, denn den Wunsch nach professioneller Finanzplanung durch jemanden, dem man vertrauen kann, hat fast jeder. Toni glaubt daher fest daran, dass er nach den ersten erfolgreichen Beratungen rasch weiterempfohlen wird.

Entscheidung über die Nutzung

Die Datenbank soll ausschließlich geschäftlich genutzt werden.

Zeit- und Geldeinsatz

Toni ist bereit, mehr als 40 Stunden pro Woche zu investieren. Er ist jung und fit und kann so durchaus neben der Standardausbildung zusätzlich Spezialwissen erwerben. Der finanzielle Einsatz sollte sich auf die Bezahlung dieser Ausbildung und spezialisierender Kurse beschränken.

Mehmet Bulut:
Mit Ernährungsberatung und Wellnessprodukten in die Selbstständigkeit

Das nächste Gespräch führt Karsten mit Mehmet Bulut. Wie er uns am ersten Seminartag erzählte, arbeitet der Türke bei seinem Onkel in dessen Restaurant. Sein Traum ist es allerdings, sich selbstständig zu machen. Für einen eigenen Laden – sei es ein Imbiss oder ein Geschäft für orientalische Lebensmittel – fehlt ihm das Startkapital. Mit Ernährung sollte sein künftiges Business aber schon zu tun haben, denn damit kennt Mehmet sich aus und das Thema interessiert ihn sehr.

Im Seminar hatte Mehmet immer wieder betont, wie wichtig es ihm sei, sich von seinem Onkel abzunabeln, sich finanziell unabhängig zu machen. Weil er aber bereits 46 ist, möchte er diesen Weg nicht mit Schulden beginnen. Im Gegenteil: Er braucht eher mittel- als langfristig mehr Geld – für sich und vor allem auch für seine Familie. Beispielsweise will er seinem Sohn ein Studium finanzieren und sich den einen oder anderen Reisetraum mit seiner Frau und seinen Kindern erfüllen. Diese Wünsche sind so stark, dass er sich ihre Realisierung sehr konkret vorstellt. Alle Teilnehmer können sich gut daran erinnern, wie er im Seminar Fotos und Fotomontagen herumzeigte: Mehmet im Anzug mit Handy und einem schicken Mittelklassewagen. Mehmet mit Familie vor einem Plakat, auf dem für eine Reise in die Südsee geworben wird. Und auf einem weiteren Bild: sein Sohn mit per Bildbearbeitung hineinmontiertem Doktorhut.

Mehmet konnte sich vorstellen, zunächst den Aufwand für seine derzeitige Beschäftigung zu reduzieren, um so Zeit für den Aufbau seiner neuen Existenz zu gewinnen. Wie genau diese gestaltet sein sollte, das war allerdings nicht so klar. Karsten bittet den schon lange in Deutschland lebenden Türken deshalb um Antworten auf die zehn erwähnten Fragen:

1. *Auf welche Dinge in Ihrem Leben sind Sie besonders stolz?*
   Hierzu fällt Mehmet sofort seine Familie ein, aber auch, dass er es geschafft hat, für seine Frau und seine Kinder zu sorgen – und das, obwohl ihm der Start in Deutschland anfangs nicht leichtfiel –, zuerst die Sprache lernen musste, keine Freunde hatte.

2. *Was trägt vor allem zu Ihrem Glück bei?*
   Natürlich kommt Mehmet bei dieser Frage ebenfalls sofort auf seine Frau, seinen Sohn und seine zwei Töchter zu sprechen. Ein weiterer wichtiger Baustein für Glück ist seine Gesundheit. Um die zu erhalten, fährt er regelmäßig mit dem Rad und achtet er auf eine ausgewogene Ernährung. Und wenn es einmal viel Stress im Restaurant seines Onkels gegeben hat, kauft er sich durchaus Vitamin- oder Mineralstoffpräparate, um seinen Körper ausreichend zu versorgen.

3. *Mit was für Menschen verbringen Sie gerne Zeit?*
   Die für ihn wichtigsten Personen habe er ja nun schon sehr oft erwähnt, sagt Mehmet. Doch über seine Familie hinaus sei er auch gern mit den zahlreichen Freunden zusammen, die er mittlerweile in seiner Wahlheimat habe. Weil er jemand ist, der gerne redet und der sich für andere interessiert, verbringt Mehmet eher wenig Zeit allein.

4. *Was tun Sie am allerliebsten?*

Mit seinem Sohn Fußball zu spielen und zu merken, das körperlich noch problemlos zu schaffen, sei schon ein echtes Highlight. Außerdem unterhält sich Mehmet gerne mit anderen Menschen – egal, ob die zu seinem näheren Umfeld gehören oder ob er ihnen das erste Mal begegnet. Dass er im Gegensatz zu vielen Ausländern Wert darauf gelegt hat, gut Deutsch zu lernen, kommt gut an und öffnet ihm viele Türen.

5. *Welchen Herausforderungen sehen Sie sich in der nahen Zukunft gegenüber?*

Die größte Herausforderung für Mehmet ist es, mehr Klarheit zu gewinnen, was seine berufliche Zukunft betrifft. Die Seminarabende und dieses Gespräch mit Karsten seien daher die zentralen und wichtigsten Ereignisse der Woche, ja vermutlich auch des Monats und sogar des Jahres, sagt er.

6. *In welchen Situationen haben Sie viel Mut bewiesen?*

Bei dieser Frage denkt Mehmet sofort 15 Jahre zurück. Ja, die Entscheidung, nach Deutschland zu gehen, habe schon ungewöhnlich viel Mut erfordert. Gerade deshalb, weil er gewusst habe, dass es schwierig werden würde – und er trotzdem das Risiko eingegangen sei.

7. *Für was sind Sie dankbar?*

Mehmet wundert sich, wie viele positive Ereignisse er benennen kann. Und das, obwohl er doch in letzter Zeit eher mutlos und frustriert gewesen ist. Da sind die Geburten seiner Kinder, seine Hochzeit, das Angebot seines Onkels, bei ihm zu arbeiten, und einiges mehr. Er verstehe nun, was Karsten damit meinte, dass wir oft all das Schöne vergessen oder es nicht genügend würdigen.

8. *Was begeistert Sie?*
    Gute Noten seiner Kinder, die tiefe Bindung und langjährige Beziehung zu seiner Frau, Fußball, schöne Häuser, tolle Autos und vieles mehr. Im Moment begeistern Mehmet aber insbesondere die lebensnahen Inhalte des Seminars und das persönliche Coaching. Zum ersten Mal seit Langem habe er das Gefühl, dass sich ihm neue Perspektiven eröffnen und die Erfüllung seiner Wünsche in greifbare Nähe rückt.

9. *Für was würden Sie gerne andere Menschen begeistern?*
    Da kann sich Mehmet einiges vorstellen. Bisher hat er noch nie darüber nachgedacht, überhaupt andere Menschen von der Notwendigkeit von Zielen und Veränderung zu überzeugen. Aber nun, da ihn Karsten Tornow konkret fragt, wird ihm klar: Es hat ihm schon in der Schule Spaß gemacht, Freunde für seine Ideen zu begeistern – ob das nun ein Fußballturnier oder kollektives Mathematik-Schwänzen war. Heute würde Mehmet am liebsten vielen Menschen zu einer bewussteren und gesünderen Lebensweise verhelfen. Ja, das hätte schon was. Damit könnte er tatsächlich gleich ein paar Fliegen mit einer Klappe schlagen: seiner Leidenschaft für das Geben von Ratschlägen und Impulsen nachgehen, sich dem Thema Gesundheit widmen, anderen helfen. Und der zusätzliche Reiz ist natürlich, damit auch noch Geld zu verdienen.

10. *Was sind Ihre konkreten Ziele?*

Mehmet ist kein Tagträumer. Wird er aber aufgefordert, sich vorzustellen, wer und wo er gerne wäre, dann fällt ihm natürlich eine Menge ein. Immer ist er dabei der Anker für seine Familie, die mit ihm zusammen ein erfülltes Leben genießt – ob im Urlaub an einem Strand oder in dem gemütlichen Haus, das er bauen will, sobald dies finanziell möglich ist.

Die Idee: Ernährungsberatung und Vertrieb von Wellnessprodukten

Mit seiner Leidenschaft Geld verdienen – das nimmt Karsten auf, um damit die entscheidende Phase des persönlichen Gesprächs einzuläuten. Natürlich hat er bei all dem, was sein Seminarteilnehmer erzählt hat, genau zugehört. Seine Idee: Mehmet könnte Menschen zu einer gesunden Ernährung beraten und Wellnessprodukte vertreiben. Das würde perfekt zu seinen Interessen, Kenntnissen und Fähigkeiten passen – und es wäre möglich, das Unternehmen zunächst in Teilzeit aufzubauen. Mehmet müsste also nicht sofort seinen Job im Restaurant seines Onkels aufgeben. Er könnte vielmehr nach und nach den Zeiteinsatz dort reduzieren und parallel den für den neuen Beruf erhöhen. Als Karsten ihm dies vorschlägt, beginnen Mehmets Augen zu leuchten. Ja, klar, damit wäre all das zu erreichen, was er gerne erreichen möchte. Der sympathische 46-Jährige erkennt sofort, dass es nicht nur um eine Utopie geht, sondern um eine Vision, die sich durchaus in Realität verwandeln lässt.

Zum Abschluss des Gesprächs skizzieren Karsten und Mehmet gemeinsam die Networkingpyramide für das neue Geschäft:

Vision und Ziele

Die Vision ist für Mehmet ganz klar eine Selbstständigkeit, die es ihm erlaubt, den aktuellen Job aufzugeben. Als konkretes Ziel definiert er ein Einkommen, das dreimal so hoch ist wie das bisherige. Und das will er in zwei Jahren erreicht haben. Als Kontrollelement werden steigende Gewinnziele für die ersten 6, die ersten 12 und die ersten 18 Monate definiert.

Festlegung der Freunde, Helfer und Fans

Mehmet kennt einige Sportler, die zu den ersten Kunden gehören könnten und ihn sicher weiterempfehlen würden. Außerdem weiß er von Bekannten, die sich – in anderen Bereichen – selbstständig gemacht haben. Mit Sicherheit werden ihn seine Familie und seine Freunde unterstützen, unter anderem durch das Vernetzen von Kontakten. Karsten weist darauf hin, dass es ohne weiteres Fachwissen zur Ernährung, zu den Produkten und zum Vertrieb selbst nicht funktionieren wird. Es wird daher beschlossen, für die erste Zeit einen Mentor aus Karstens Netzwerk zu wählen. Anders als beim Aufbau eines eigenen Restaurants ist der Investitionsbedarf annähernd null. Der Mentor wird ein bereits im Vertrieb Aktiver sein, der Mehmet in seine Struktur eingliedert.

Aufbau der Datenbank

Zusammen mit seinen Freunden, Helfern und Fans wird Mehmet eine Datenbank potenziell am Thema Ernährung und an Wellnessprodukten Interessierter sowie potenzieller Vertriebspartner aufbauen. Dabei können aus Mitgliedern der ersten Gruppe nach und nach solche der zweiten werden. Mehmet will zunächst seine persönlichen Kontakte und deren Kontakte nutzen, aber auch die in den sozialen Medien.

Entscheidung über die Nutzung
Die Datenbank soll ausschließlich geschäftlich genutzt werden.

Zeit- und Geldeinsatz
Am Anfang will Mehmet die jetzige 40-Stunden-Woche im Restaurant auf 25 Stunden reduzieren und 15 oder mehr Stunden für den Vertrieb aufwenden. Sukzessive soll der alte Job dem neuen weichen. Um den Geldeinsatz zu minimieren, wird Mehmet sich ein faires Vertriebsunternehmen suchen, das keine hohe Startinvestition zur Bedingung macht.

Gertrud Bayer:
Menschen für den Sport begeistern

Das dritte persönliche Gespräch, an dem ich teilnehme, führt Karsten mit Gertrud Bayer.

Was nach den drei Seminarabenden klar ist: Anders als Toni und Mehmet möchte Gertrud kein großes Geschäft aufbauen. Die 68-Jährige sucht mehr nach einer Tätigkeit, mit der sie anderen helfen kann und die ihr zugleich Spaß macht. Etwas Sinnvolles sollte es sein, das hat sie während des Seminars öfter betont. Es geht ihr keineswegs darum, freie Zeit totzuschlagen. An Langeweile leidet sie nämlich nicht, wohl aber ein wenig an fehlender Anerkennung.

Was allen aufgefallen ist: Gertrud ist sehr herzlich, aber auch eher unsicher. Sie traut sich vieles nicht zu – zumindest dann nicht, wenn sie dafür Fremde ansprechen müsste. In ihrem gewohnten Umfeld ist sie dafür in der Lage, Menschen mitzureißen, wobei ihr Optimismus und eine positive Lebenseinstellung dienlich sind. Das Gute befinde sich oft vor der Haustüre, hatte die sympathische Rentnerin am ersten Seminarabend gesagt. Sie freut sich über den Lebensweg ihrer Tochter, ihre langjährige Ehe, ihr Haus und schlicht darüber zu leben!

Gertrud erzählte auch von der einen oder anderen Krise, die sie überwinden musste. Unterkriegen lassen hat sie sich offenbar nie und ihre Pläne für die Zukunft zeugen vom Willen, Neues zu wagen. So möchte sie sich etwa ein Tablet kaufen, viel reisen, mehr Bücher lesen, sich eine Seite in einem sozialen Netzwerk einrichten, vielleicht ein weiteres Hobby anfangen.

Wie Toni und Mehmet fordert Karsten auch Gertrud auf, die zehn Fragen zu beantworten:

1. *Auf welche Dinge in Ihrem Leben sind Sie besonders stolz?*
   Gertrud kann mit dem Wort „Stolz" nicht allzu viel anfangen. Ja, sie ist stolz auf ihre Tochter, die studiert und einen guten Job hat. Das, was sie selbst in ihrem Leben gemacht hat, würde sie aber niemals irgendwie hervorheben. Auf Nachfrage von Karsten erwähnt Gertrud jedoch ihre Disziplin, dank der sie nun schon seit mehr als 30 Jahren jeden Morgen zum Schwimmen geht. Und sie hat in diesen Jahrzehnten Wissen erworben, was die positiven Wirkungen von Sport betrifft. Klar, darauf könne sie schon stolz sein.

2. *Was trägt vor allem zu Ihrem Glück bei?*
   Das Zusammensein mit Menschen, die ähnliche Interessen haben, mache sie glücklich, sagt Gertrud. Deshalb schwimmt sie nicht allein, sondern hat vor einigen Jahren eine Schwimmgruppe gegründet. Mit deren mittlerweile 15 Mitgliedern trifft sie sich auch zum Wandern und für andere Aktivitäten. Die Gruppe sei ein wichtiger Teil ihres Lebens – ebenso wie natürlich ihr Mann und ihre Tochter.

3. *Mit was für Menschen verbringen Sie gerne Zeit?*
   Bei Gertrud müssen es schon Menschen sein, die ihr Leben aktiv gestalten. Es macht ihr Spaß, mit Gleichgesinnten zusammen zu sein. Gerne würde sie noch mehr Leute kennenlernen, die ihre Interessen teilen.

4. *Was tun Sie am allerliebsten?*

    Auch bei dieser Frage erwähnt Gertrud zunächst zwei Dinge: Sport treiben – vor allem das Schwimmen – und in Gesellschaft netter Menschen sein. Am liebsten ist ihr die Kombination von beidem.

5. *Welchen Herausforderungen sehen Sie sich in der nahen Zukunft gegenüber?*

    Gertrud ist nun schon einige Jahre in Rente, ihre Tochter braucht sie längst nicht mehr, es sind noch keine Enkel in Sicht und ihren Mann beschäftigen Hobbys, die sie nicht teilt. Sie hat keinerlei Geldsorgen. Ihre größte Herausforderung sei deshalb, eine Tätigkeit zu finden, die mehr bedeutet, als Zeit totzuschlagen, meint die 68-Jährige. Und gerade deshalb spürt sie den Ehrgeiz, etwas zu bewegen.

6. *In welchen Situationen haben Sie viel Mut bewiesen?*

    Darüber könnte Gertrud ein Buch schreiben. So hat sie mit über 40 noch den Beruf gewechselt und dafür eine Weiterbildung absolviert. Auch war die Erziehung ihrer Tochter nicht einfach, zumal ihr Mann in diesen Jahren am Arbeitsplatz stark belastet, viel beruflich unterwegs und selten bei der Familie war. Sich mehr oder weniger allein um ihr Kind zu kümmern, das habe oft Mut erfordert, so Gertrud im Rückblick.

7. *Für was sind Sie dankbar?*

    Sie sei für ihre Familie, ihr finanziell unbeschwertes Leben und vor allem für ihre Gesundheit dankbar, sagt Gertrud. Und nicht zuletzt freut sie sich über ihren Tatendrang, auch wenn sie für diesen noch kein geeignetes Ventil gefunden hat.

8. *Was begeistert Sie?*

   „Am Abend zu wissen, was man getan hat und wofür das gut war." – So bringt Gertrud auf den Punkt, wie für sie ein idealer Tag aussieht.

9. *Für was würden Sie gerne andere Menschen begeistern?*

   Eindeutig fürs Schwimmen, weil sie sich damit nun einmal am besten auskenne, meint Gertrud.

10. *Was sind Ihre konkreten Ziele?*

   Genau an diesem Punkt sehe sie kein Licht am Ende des Tunnels, bedauert Gertrud. Es falle ihr schwer, ein konkretes Ziel zu finden, und deshalb habe sie auch bisher nichts unternommen, um ihrem Leben einen neuen Inhalt zu geben.

Die Idee: Ehrenamtliches Engagement im Sportverein

Für Karsten liegt die Lösung auf der Hand: Gertrud könnte sich ehrenamtlich in ihrem Sportverein engagieren. Da sie bereits Mitglied einer Schwimmgruppe ist, bietet es sich an, diese Kontakte zu nutzen, um weitere Mitschwimmer oder auch Interessenten für andere Sportarten zu werben. Gertrud sagt, sie habe durchaus ab und zu dem einen oder anderen Bekannten von ihrem Verein erzählt. Weil sie selbst begeistert von dieser Freizeitbeschäftigung ist, seien die Reaktionen fast immer positiv gewesen. Die Idee, das Engagement im Verein systematisch auszubauen, findet Gertrud toll. Schließlich ist das ihr Steckenpferd. Sie kann sich sogar vorstellen, neben der Werbung das Training für ein Senioren-Schwimmteam zu übernehmen. Dazu ist zwar eine formale Qualifikation nötig, doch die zu erwerben, dürfte kein Problem sein. Schließlich hat Gertrud sowohl jede Menge Zeit als auch Fachwissen in Sachen Schwimmen – und nach dem persönlichen Gespräch ist sie bis in die Haarspitzen motiviert.

Auch für Gertrud nimmt sich Karsten Zeit, um mit ihr die Networkingpyramide für ihr Projekt zu entwickeln:

Vision und Ziele
Gertrud will sich nicht überfordern. Daher nimmt sie sich zunächst lediglich vor, in sechs Monaten 50 neue Vereinsmitglieder zu gewinnen. Karsten überzeugt sie jedoch davon, sich zusätzlich ambitionierte Marken zu setzen, nämlich die Leitung einer Schwimmgruppe in spätestens einem Jahr. Gertrud ist einverstanden und formuliert auch gleich ihre Vision, die sie damit realisiert hätte: eine sinnstiftende Tätigkeit für ihre aktuelle Lebensphase finden.

Festlegung der Freunde, Helfer und Fans
Zu den Freunden, Helfern und Fans gehören zuallererst die 15 Frauen und Männer, mit denen Gertrud regelmäßig schwimmt und sich zu anderen Aktivitäten trifft. Diese Menschen kennt sie schon lange und jeder in der Gruppe weiß um ihre Kompetenz rund um den Schwimmsport. Sie wird beispielsweise bei muskulären Problemen um Rat gefragt und hat schon mehrfach dabei geholfen, die Schwimmtechnik von anderen zu verbessern. Darüber hinaus wird ihr Mann sicher alle ihre Vorhaben unterstützen – ebenso wie ihre Tochter, die wiederum eine Menge an sportinteressierten Freunden hat. Diesen Freunden könnte man das Schwimmen näherbringen, anderen eher Turnen, Badminton oder Volleyball. All das wird im Verein angeboten und überall wären neue Mitglieder willkommen.

Aufbau der Datenbank

Karsten und Gertrud überlegen, wie sich die Zahl der möglichen neuen Vereinsmitglieder maximieren ließe. Der Plan: Gertrud lädt zu einer Veranstaltung in das Vereinslokal ein. Natürlich werden die 15 „Kolleginnen" und „Kollegen" ihrer Schwimmgruppe kommen – und jeder wird im Schnitt 20 Freunde mitbringen.

Entscheidung über die Nutzung

Die Datenbank soll für das Projekt und privat genutzt werden.

Zeit- und Geldeinsatz

Gertrud wird sofort den größten Teil ihrer Zeit in das Projekt stecken. Geld will sie lediglich in die Ausbildung zur Schwimmtrainerin investieren.

Und Jana Engelbrecht?

Die persönlichen Gespräche, die Karsten mit den Seminarteilnehmern führt, haben mich sehr beeindruckt. Es ist schon toll, was sich innerhalb so kurzer Zeit getan hat. Vorher häufig Verzweiflung oder zumindest eine große Unzufriedenheit, danach neue Ideen und vor allem konkrete Pläne bei fast allen!

Und was ist mit Jana Engelbrecht? Ich erinnere mich an unsere erste Begegnung in einem Leipziger Café. „Damals" – es liegt ja noch nicht lange zurück – sprach ich sie an, nachdem ich zufällig einen großen Teil ihres Gesprächs mit ihrer Freundin mitbekommen hatte. So erfuhr Jana von meinem Seminar bei Karsten Tornow – und von all dem, was dieses in mir ausgelöst, wie es mein Leben komplett verändert hatte. Sie war zunächst skeptisch, doch schließlich traf sie eine Entscheidung: Sie wollte selbst herausfinden, was hinter diesem tollen Typen steckt. So kam es zu unserer zweiten Begegnung, dieses Mal zusammen mit den anderen Teilnehmern bei einem weiteren von Karstens Seminaren.

Das liegt nun hinter uns und Jana ist wie die anderen total verwandelt. Keine Spur mehr von Niedergeschlagenheit. Ganz im Gegenteil! Sie hat im persönlichen Gespräch mit Karsten ihre Vision vom Verkauf von Spielzeug für Kinder weiterentwickelt und – wie sie mir stolz und voller Elan berichtet – bereits die ersten Schritte zur Umsetzung getan. Zusammen mit anderen Müttern, die ebenfalls nach einer neuen Aufgabe suchen, hat Jana ein Projekt initiiert, das in ein eigenes Geschäft mit Bastelwerkstatt münden soll. „Die perfekte Kombination. Da kann ich meine Interessen voll ausleben", sagt Jana ganz begeistert. Mir bleibt nur noch, ihr von Herzen zu gratulieren und alles Gute zu wünschen.

Vierter Seminarabend: Bilanz nach vier Monaten

Gespräche wie die mit Toni, Mehmet, Gertrud und Jana führt Karsten mit allen Seminarteilnehmern. Damit wird die Basis für neue Lebensinhalte geschaffen – und das war es schließlich, was sich jeder von den vier Abenden erwartet hatte. Doch würden sie wirklich alle ihr Konzept umsetzen, würden alle ihre Pyramiden realisieren? Natürlich möchte Karsten das gerne wissen. Zum einen liegen ihm die Menschen, die er nun relativ gut kennenlernen durfte, am Herzen. Zum anderen will er aus Fehlern lernen, um der Gruppe im nächsten Seminar noch besser helfen zu können. Und drittens geht es auch darum, dort zu helfen, wo der Weg in einen neuen Beruf oder eine ehrenamtliche Tätigkeit sich als holprig erweist. Von Anfang an hatte Karsten aus diesen Gründen ein letztes Treffen terminiert, das nach etwa vier Monaten stattfinden sollte. An diesem Abend wird jeder Teilnehmer auf der „Bühne" stehen und darüber berichten, was er seit der Besprechung seiner individuellen Networkingpyramide alles erreicht oder nicht erreicht hat. Und um das transparent und nachvollziehbar kommunizieren zu können, erhält jedes Mitglied der Seminargruppe einen Leitfaden mit Hinweisen für eine gelungene Präsentation.

Ja, auch ich sollte damals berichten, was ich aus dem Seminar gemacht hatte. Als Karsten uns die Unterlagen zur Präsentationstechnik in die Hand drückte, kam mir das ein wenig übertrieben vor. Ich wollte mich doch nirgends bewerben. Ging es nicht mehr um ein Gespräch mit Leuten, mit denen ich zuvor drei Abende lang ziemlich hart, aber auch mit viel Spaß an der Sache gearbeitet hatte? Ja, schon richtig. Nur ist es etwas ganz anderes und eine echte Herausforderung, plötzlich allein im Mittelpunkt zu stehen und eine halbe Stunde nur von sich zu reden. Ich will dann ja nicht nur irgendwie Zeit füllen, sondern meine Zuhörerinnen und Zuhörer wirklich erreichen. Heute weiß ich, wie sehr ein Leitfaden unterstützen kann. Und er ist in sehr vielen Situationen nützlich – egal, ob ich später einmal eine Rede auf einer Hochzeit, einem Geburtstag, einer Trauerfeier halten werde oder eben beruflich vor Mitarbeitern, dem Chef oder Kunden. Deshalb habe ich die Hinweise von Karsten heute noch:

Zehn Tipps für eine gelungene Präsentation

1. Achten Sie auf eine Mimik, die Freundlichkeit ausstrahlt! Lächeln Sie!
2. Stellen Sie Ihre Beine etwa hüftbreit auseinander, ohne sie zu überkreuzen!
3. Nehmen Sie eine aufrechte Haltung ein!
4. Wenden Sie sich stets dem Publikum zu und suchen Sie Blickkontakt!
5. Wechseln Sie ab und zu den Standort!
6. Setzen Sie Ihre Stimme bewusst sein!
7. Unterstreichen Sie das Gesagte mit dynamischen Gesten, ohne dabei zu übertreiben!
8. Nutzen Sie Medien wie Flipcharts oder Whiteboards oder entscheiden Sie sich für eine PowerPoint-Präsentation!
9. Überfordern Sie die Zuhörer nicht mit zu viel Inhalt auf einer Folie!
10. Sorgen Sie für Interaktion mit dem Publikum! Stellen Sie Fragen und lassen Sie Fragen zu!

Was tun?

Wo stehen Sie?

- Was haben Sie bereits erreicht?
- Wofür sind Sie dankbar?
- Was sind Ihre aktuellen Herausforderungen?
- Welche Stärken haben Sie?
- Welche Schwächen haben Sie?
- Wie nehmen andere Sie wahr?
- Wie nehmen Sie sich selbst wahr?

Was wollen Sie verändern?
Notieren Sie an den drei Sonnenstrahlen, was Sie unbedingt in Ihrem Leben verändern möchten.

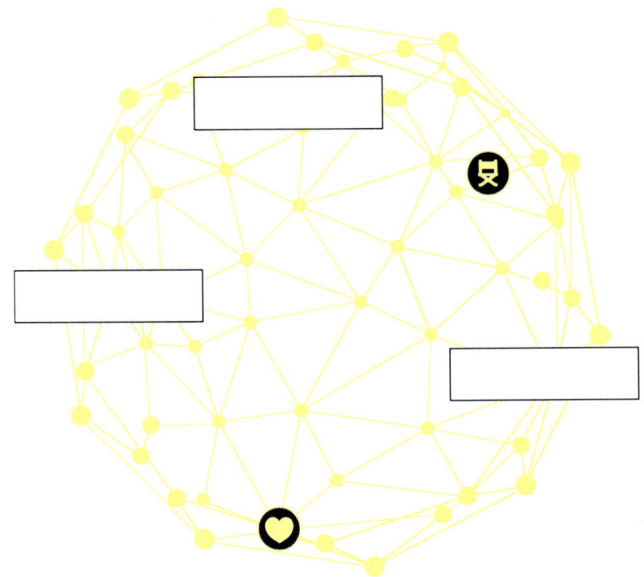

Wer Ihnen dabei hilft

Elf Freunde unterstützen Sie bei Ihrem Veränderungsprozess:

1. Freund: das Herz
2. Freund: Ziele definieren und Formel anwenden: E + P + A + K = Ziel umgesetzt (E = Erkennen des Ziels, P = Planen, A = Anwenden, K = Kontrolle)
3. Freund: Ihr eigener Chef sein
4. Freund: Frisch bleiben und kein Ablaufdatum zulassen
5. Freund: Gesundheit
6. Freund: Liebe und Freundschaft
7. Freund: Machen Sie sich interessant
8. Freund: Ehrlich und direkt sein
9. Freund: Danke und Bitte
10. Freund: Toleranz
11. Freund: Fehler sind erlaubt

Zum neuen Business in 5 Schritten: Die Networkingpyramide

1. Formulierung der Vision und der Ziele
2. Festlegung der Freunde, Helfer und Fans
3. Aufbau der Datenbank
4. Entscheidung über die Nutzung der Datenbank (geschäftlich und beziehungsweise oder privat)
5. Bestimmung von Zeit- und Geldeinsatz

Lassen Sie andere von sich lernen!

Welche Ideen aus diesem Buch haben Ihnen beim Networking und Eigenmarketing geholfen? Lassen Sie die Community davon profitieren und schicken Sie Ihre Geschichte an karsten@karstentornow.com. Schließlich gibt es niemanden, von dem man nicht etwas lernen könnte. Wir planen ein Folgebuch zu den interessantesten Storys. Sind Sie dabei, werden Sie an den Einnahmen beteiligt.

Lernen lässt sich auch aus unserem Newsletter. Einfach bestellen unter **www.karstentornow.com**.

Strahle wie die Sonne, werde zum Mittelpunkt **Deines Projekts**. Ohne die Sonne gäbe es kein Leben auf der Erde. Unser Zentralgestirn wurde in vielen frühen Kulturen als Gottheit verehrt, in der Antike war sie das Symbol für Vitalität. Die moderne Astronomie erkannte sie als Zentralgestirn unseres Planetensystems – und ein Mensch, der von innen heraus strahlt, wird zu einem Mittelpunkt, an dem sich andere orientieren.

NOTIZEN

_____

_____

_____

_____

_____

_____

_____

_____

_____

_____

_____

_____

_____